城市化地区空间扩张与综合承载系统关系研究

——以交通承载系统为例

付 鑫 杨 宇 著

人民交通出版社股份有限公司
China Communications Press Co.,Ltd.

内 容 提 要

本书旨在探讨城市化地区的空间形态与其承载能力之间的关系，在对综合承载力进行系统分析的基础上，选取交通承载系统这一影响因素作为切入点，研究城市化地区空间扩张过程中，交通承载系统与空间形态之间的相互机理，并以此为依据，提出城市化地区空间合理化扩张目标下的交通的承载系统优化途径，为城市空间形态调整、基础设施承载系统发展路径选择以及系统规划流程优化提供理论参考和方法支撑。

图书在版编目(CIP)数据

城市化地区空间扩张与综合承载系统关系研究：以交通承载系统为例/付鑫，杨宇著. —北京：人民交通出版社股份有限公司，2015.11

ISBN 978-7-114-12607-9

Ⅰ.①城… Ⅱ.①付… ②杨… Ⅲ.①城市化—关系—城市交通系统—承载力—研究 Ⅳ.①U491.2

中国版本图书馆 CIP 数据核字(2015)第 270680 号

书　　名：**城市化地区空间扩张与综合承载系统关系研究——以交通承载系统为例**
著 作 者：付　鑫　杨　宇
责任编辑：夏　韡
出版发行：人民交通出版社股份有限公司
地　　址：(100011)北京市朝阳区安定门外外馆斜街 3 号
网　　址：http://www.ccpress.com.cn
销售电话：(010)59757973
总 经 销：人民交通出版社股份有限公司发行部
经　　销：各地新华书店
印　　刷：化学工业出版社印刷厂
开　　本：720×960　1/16
印　　张：11
字　　数：194 千
版　　次：2015 年 11 月　第 1 版
印　　次：2015 年 11 月　第 1 次印刷
书　　号：ISBN 978-7-114-12607-9
定　　价：25.00 元

作 者 简 介

付鑫,现任长安大学经济与管理学院讲师,交通运输规划与管理专业博士,主要研究方向为区域交通规划、交通运输空间分析与组织优化。

杨宇,现任中国科学院地理科学与资源研究所助理研究员,区域规划专业博士,主要研究方向为区域综合规划、区域产业发展规划。

本书由国家自然科学基金项目(编号:41430636)、国家自然科学基金项目(编号:41301130、41171107)、教育部人文社会科学研究基金青年项目(编号:12YJCZH051)、中央高校基本科研业务费专项资金项目(编号:CHDW2011JC018、0327-2013G6234056)资助出版。

前言

城市空间扩张问题自20世纪中期以来受到广泛关注,国内外学者对此均有研究,但受学科差异和价值取向的影响,研究结论差异较大且体系较零散。诸多研究表明,城市(城市化地区)在空间形态变化过程中,综合承载系统与城市的空间形态,尤其是土地利用格局之间存在复杂的互动性关系,并对城市空间形态演化产生了重要影响。

第一,对研究对象和问题进行了界定,总结国内外关于城市空间扩张问题研究在概念内涵、成因机理等方面的进展,并对综合承载系统,尤其是交通承载系统的相关研究进行述评。

第二,从城市规划史等角度对城市化地区空间扩张问题中的演化起因及发展阶段进行阐述,对城市化地区空间扩张的基本模式、发展特征和测度方法进行研究,提出交通承载系统是城市化地区空间扩张的主要影响因素。

第三,对交通承载系统这一研究对象进行详细解读,从系统基本概念、承载对象、系统主要特征及功能等角度进行分析,在此基础上给出系统评价的指标化框架,并指出交通承载系统的效用主要体现在可达性和机动性两方面。

第四,对交通承载系统与城市化地区空间扩张作用的基本模式进行分析,说明交通承载系统对城市化地区空间扩张的控制性、引导性以及分隔性作用,同时指出城市化地区空间形态的演变对交通承载系统的结构、效率、空间承载分布等方面的影响,提出两者的互馈性作用框架。

第五,构建了交通承载系统和城市化地区空间扩张的相互作用模型,并利用Logistic 模型建立了城市化地区空间扩张和交通承载系统相互作用的模型化分析框架,之后对可达性效用模型进行了实例验证。

第六，结合我国实际，提出在城市化地区实现空间合理化扩张的主导思想下，认为坚持紧凑式的交通系统资源配置理念、倡导TOD导向的交通—土地开发利用模式、实现土地利用规划和交通规划的整合、注重交通可达性和机动性的辩证统一、实现交通基础设施与运输服务规划的同步等是实现交通承载系统优化的重要途径。

本书的第1章、第4章至第9章由付鑫编写，第2章、第3章由杨宇编写，全书由付鑫统稿。本书在编写过程中得到了作者所在单位——长安大学以及中国科学院地理学院与资源研究所的诸多教师及研究生的支持和帮助，在此表示衷心的感谢！

书中不妥之处，还希望各位读者悉心指正。

付　鑫

2015年7月　于长安大学

目录

引　　言

“我们的郊区不再是过去字面意义上的郊区，城市和郊区共同创造了当代的大都市区域，而这些大都市区域成为了我们当今社会的基本经济单元……土地、汽车、市场、水电网络等在空间上形成了一个蔓延式发展的基本格局，再加上以法律形式出现的规定标准以及各种政策，使得我们的世界形成了巨大的水平的世界……❶”

——(美国)Oliver Gillham

“空中俯瞰大城市，原先的老城已经完全不见，原来城市与乡村之间鲜明的区别已不复存在，而对于大城市的边缘地带，除了自然界组成的地貌外，其余都是茫茫一片，认不清它究竟是什么形状；整个城市地区，茫无边际，无法区别它的边界，这种情况越靠近中心区越是如此，离开市中心往外去，城市发展越加变得没有目的和连续性，越加分散而无集中点……现在看来，大都市的形状是它的无定形，正如大都市扩展的目的是它无目的的扩展❷”

——(美国)Lewis Mumford

“当我们面对未来出现的城市化时，还存在着一个因素，对我们具有极大的挑战性，那就是将有越来越多的人居住在规模更大、密度更高的城市中。现在的城市地区将会从‘城市’扩展为‘巨型城市’和‘巨型都市区（mega-urban region）’，我们能够有效应对这个快速城市化的世界所带来的挑战吗❸？”

——(加拿大)Aprodicio A. Laquian

“城市存在的主要原因是因为有可以相互利用的交易活动……思想、主意、服

---

❶ 奥利弗·吉勒姆.无边的城市——论战城市蔓延[M].叶齐茂，倪晓晖，译.北京：中国建筑工业出版社，2007.

❷ 刘易斯，芒福德.城市发展史[M].北京：中国建筑工业出版社，2005.

❸ 加拿大不列颠哥伦比亚大学教授 Aprodicio A. Laquian 在首届世界规划院校大会开幕式上所做的主题发言.

务、技艺和人员，当然还有货物和商品的交易需要有效、畅通的交通运输。但是，多样化选择和频繁的城市交易活动同时也要依赖于大量集中的人口，互相关联的各种用途和交错编织，复杂的道路系统。如何一方面创建错综复杂、各种用途经纬交错的空间布局，另一方面又能提供良好的交通系统，这是问题的关键。人们可以支持这种方案，也可以支持另一种方案，不管怎样，下面两个过程必有一个要发生：城市被汽车蚕食或者城市对汽车的限制……我们必须要意识到，城市地面交通会造成很多自我压力，车辆与车辆之间会有很多竞争，争夺空间和方便之行，它们也会与城市的其他用途争夺同样的内容❶。

——（美国）Jane Jacobs

❶ 简·雅各布斯. 美国大城市的死与生[M]. 金衡山，译. 北京：译林出版社，2005.

第1章　绪　　论

1.1　研究背景

20世纪50年代以来,伴随世界范围内的科学技术进步、工业化进程推进以及地区经济联系不断增强,西方的发达工业化城市开始引领世界逐渐进入后工业化时代,长期以来作为生产生活要素集聚核的城市开始显现其空间辐射影响和扩散效应,在地理空间上形成了诸多不同形态的区域空间组合模式,大都市、都市圈、都市带、都市连绵区、经济带、城市群等新地理空间组织单元日益成为经济学家、地理学家、社会学家以及规划学家的研究热点。从经济地理学角度讲,区域内部的经济社会行为在空间上由于集聚与扩散效应共同作用而产生的上述空间组合模式已成为无可争辩的事实,对其各自进行严格的定义表述和区分变得不再重要,鉴于此,本书在此将其统一称为"城市化地区"(一般来讲,城市化地区包括了传统意义上的城市、城镇和郊区,并且具有三个较为直观的特征:①具有一般意义上"大都市"的人口规模;②具有适度的地理范围;③具有较为广阔的边缘地区,可以提供足够的劳动力到城市中心区来就业和活动❶)。人们(无论是政府机构、研究机构、学者,还是社会公众)对于这种城市化地区内的空间形态以及结构的不断演化,通常称之为扩张,并引起区域内社会经济、自然生态和意识形态等方面巨大变化的现象保持了越来越浓厚的关注❷。

尽管不同领域的学者针对此种现象给出了诸多不同角度的诠释,在其成因、结构和变化等方面产生了诸多的研究成果和结论,从诸多角度来阐述区域空间扩张模式的形成机理和演变规律,并试图从中得到有利于地区空间形态发展的规划依据和指导思想。但需要指出的是,各种资源及生产要素的流动和基础设施的空间布局之间有着紧密的相互联系和影响,在城市化地区内部形成了一个各种社会行为和经济行为相互交织的开放式复杂系统,这种地理空间上的复杂性已经被越来

❶ 周春山.城市空间结构与形态[M].北京:科学出版社,2007.

❷ 李东序.城市综合承载力理论与实证研究[D].武汉:武汉理工大学,2008.

越多的人认识到❶。因此,如何通过对这些地区内部社会和经济活动的结构和流动性特征进行描述,揭示此类地区的空间形态发展变化的约束条件和内在动力,进而进行合理的规划和引导将是下一阶段城市化地区过程发展中亟待解决的问题。

从整个世界的城市发展历程来看,近200年来,世界范围内的城市化趋势在不断加快,区域经济一体化以及经济的全球化倾向更使得世界上的各国城市以前所未有的规模和速度发展。一项统计数字表明,截至2006年,全世界有超过50%的人口已经居住在城市(城市化地区);据联合国的相关研究报告预测,2000—2030年,世界城市的总人口数量将从24亿人猛增至50亿人,占世界总人口的比重将由47%升至61%以上。人口的快速城市化将导致城市化地区在空间形态上出现不断的扩张,给自然资源以及地理环境造成巨大的压力,使人地关系的紧张态势变得更加严峻,因此,寻求城市未来在空间形态上的合理发展方向和发展模式迫在眉睫。

从现实表象看,西方国家城市形态的非理性扩张带来的负面问题中,以美国最具代表性,第二次世界大战后,美国经济的高速增长和社会的迅速发展使得美国在社会、经济、文化及生活等各方面出现了明显的变化,高速公路等交通基础设施的大规模修建、小汽车等机动化交通工具的过度使用、城市中心地区生活环境的不断恶化、城市边界不断的模糊、规划合理性的欠缺以及政府行政执行力的不断丧失(这在一定程度上与西方国家一贯秉承的自由民主思想以及高度的市场化有关)被认为是导致美国城市出现失控性蔓延的主要原因。从统计数字来看,美国城市化地区的空间失控性扩张趋势明显,1982—1997年的15年时间内,美国的城市化用地增长了40%,是人口增长率的2倍;亚特兰大1970—1990年城市化用地增加了161.3%,而人口仅增加了84%;纽约在同样的时间内人口出现了负增长,土地使用却增加了22.3%❷。诸多学者都对此问题开展了一系列的研究,2001年Kolankiewiez和Beck曾以1970—1990年为研究时限,以城市化用地增量为考察指标,测算了美国100个最大城市化地区的城市蔓延情况,并计算了城市人口以及人均土地消费量等指标的变化对城市扩张的贡献程度,最后把这100个城市化地区分成了5大类,结论认为,美国目前城市化地区普遍存在不同程度的蔓延现象,同时发现,美国东北部、边境州和五大湖地区蔓延程度较高,人均消费土地量的增量在迅速增大❸。2001年Kahn的研究中,借鉴了通过城市化地区就业离心度表征城市

❶ 房艳刚.城市地理空间系统的复杂性研究[D].沈阳:东北师范大学,2006.

❷ 李强,杨开忠.城市蔓延[M].北京:机械工业出版社,2007.

❸ Kolankiewicz L,Beck R. Weighing sprawl factors in large U.S. cities: Analysis of U.S. bureau of the census data on the 100 largest urbanized areas of the United States[R]. Washington D.C.: NumbersUSA.com,2001.

蔓延程度的方法,建立了一个新的基于距 CBD 中心点 10mile(英里)以外就业岗位占整个城市就业岗位百分比的城市蔓延指数,即如果所有的就业都分布在 10mile 环之外,蔓延程度设为 1,其结论显示,美国大城市化地区的蔓延指数从波特兰的 0.196 变动到了底特律的 0.786❶。

相比之下,我国的城市形态扩张问题及其相关的研究探讨尚处于起步阶段,这与经济发展水平、资源禀赋差异及社会主导生活方式等诸多因素有关,自 20 世纪 80 年代我国改革开放以来,随着社会经济的不断发展,我国进入了快速城市化时期,统计数据表明,近 10 年来,中国的经济总量一直保持 7% ~10% 的高速增长,部分大城市尤其是以北京、上海、广州等为代表的城市化地区经济增速超过了 10%;与此同时,城市化水平不断提高,2009 年,我国城市化水平率为 46.6%,并正在以每年 1% 的增速增长❷。我国只用了 30 年时间就赶上了西方 200 年的城市化历程,这一过程举世瞩目却又问题重重,从本质上看,中国的城市化过程是一个几亿农民转入非农产业,伴随着社会现代化进程的渐进过程,这一行为的规模和影响世间少有,2001 年诺贝尔经济奖的获得者斯蒂格利茨(Stiglitze)曾指出:"21 世纪初期影响最大的世界性事件,除高科技以外,就是中国的城市化"❸。然而,城市空间的迅速扩张,城市数量的不断增加正使得中国诸多城市以"摊大饼"的空间结构形态迅速向外扩大,并呈现出一定的"蔓延"趋势,我国城市化进程中出现的这一土地城市化快于人口城市化的现象正是城市化地区出现蔓延的典型写照。中国社会科学院发布的《2009 中国城市发展报告》显示,2001—2007 年,地级以上城市市辖区建成区面积增长 70.1%,但人口增长只有 30%❹。正如 2006 年陆大道院士所说:"近 10 年来中国城市化空间的失控现象极为明显,形成了分散式和蔓延式的扩张。如不能有效遏制此态势,势必严重阻碍我国的整个现代化进程"❺。2010 年王家庭、张俊韬以 1999—2008 年为研究时限,通过我国 35 个大中城市的建成区面积增长率和人口增长率指标对我国城市的蔓延程度进行了测算,其研究结果表明:

(1)我国的大多数城市均表现出了蔓延现象,平均蔓延指数为 3.9047,其中城市建成区面积增长率为 122.67%,市区人口增长率为 47%,城市空间形态呈现出

❶ Kahn,M. Does Sprawl Reduce the Black/White Housing Consumption Gap? [J]. Housing Policy Debate, 2001,12(1):77-86.

❷ 潘家华,魏后凯. 城市蓝皮书—2010 中国城市发展报告[R]. 北京:社会科学文献出版社,2010.

❸ 周捷. 大城市边缘区理论及对策研究[D]. 上海:同济大学,2007.

❹ 潘家华,魏后凯. 城市蓝皮书—2009 中国城市发展报告[R]. 北京:社会科学文献出版社,2009.

❺ 陆大道. 权威专家直陈城市化"大跃进"隐忧[N]. 南方周末,2006-07-13(A5).

了明显的低密度扩张趋势。

(2)我国城市蔓延现象表现出明显的区域特性,东部地区城市蔓延程度最高,中部地区次之,西部地区相对较低❶。

从社会经济发展的背景来讲,近年来出现的人类社会生活环境的急剧变化所引发的对城市化地区如何实现可持续发展的思考迫使我们重新审视城市发展的空间定位和形态构建理念,城市规划工作者以及相关研究和执行人员对城市发展的形态、功能定位、空间布局及资源使用情况开展了新一轮的思考与设计,然而20世纪末以来出现的一系列城市发展的负面问题及其影响在迅速地产生并扩大(城市人口膨胀、资源枯竭、环境污染、极端气候等),其已经开始影响国家、地区的社会经济发展以及人类的生活质量。因此,在此背景下,人们开始逐渐将注意力转移到城市化地区的有效边界、资源阈值和合理载荷——城市化地区的承载能力上面,更加关注在有限的、合理的、可持续的地区承载能力范围内来讨论城市的形态构建和结构优化问题,致力于实现一个不断提升城市容量、改善居民生活水平,使城市发挥更大功能的城市框架,即如何实现"合理化扩张"。

诸多专业领域学者都对城市空间的扩张、承载能力及其之间的相互作用关系问题开展了研究探讨,这是因为城市内部自身系统的复杂性已经涉及了地理学、经济学、系统工程学、社会学等与社会经济活动直接相关的各个领域,不同学科领域面临着不同的价值取向带来的巨大争议。一个鲜明的例子是,芝加哥学派(Chicago school)和洛杉矶学派(Los Angeles school)在聚集和扩散效用发展上的观点差异造成了对区域规划和指引思想的截然不同❷。自20世纪中叶起,芝加哥学派开始关注工业化过程中城市集聚下的空间结构,到20世纪末,洛杉矶学派则关注城市扩散下的空间形态。我们可以认为,一方面,最优经济区位以及追逐成本(尤其是空间运输成本)最低化的理论基点以及区域经济系统的复杂性使得世界范围内不同类型的城市在发展过程中的扩张边界和扩散方式变得可计算却不易确定,这使得规划学者不得不接受城市化过程中城市空间形态的无序扩张行为不可控的现实;另一方面,随着对城市化地区内部自然资源和基础设施的控制方法和技术手段的增强,一个承载系统作为社会经济活动的"容器",不再是静态、固定且不可改变的,通过以可持续发展为目标的改造,城市化地区内部的承载能力可以在规模和质

❶ 王家庭,张俊韬.我国城市蔓延测度:基于35个大中城市面板数据的实证研究[J].经济学家,2010,10:56-63.

❷ Dear,Michael J. From Chicago to L. A.:Making Sense of Urban Theory[M]. Thousand Oaks,CA:Sage Publications,2002.

量上产生改善,在促进社会经济发展进步的同时,达到对城市形态演变程进行合理引导和资源优化配置的效果。

此外,从学科研究的角度来看,在可持续发展背景下,城市规划及相关理论方法的研究已经发生了深刻的转变,我们必须认识到,城市空间发展所依赖的土地、水资源等自然资源以及各项生活基础设施的总量是有限的,在此基础上开展的相关规划及实践都必须遵守"资源是有限的,其承载也是有限的"这一前提条件,因此,城市化地区的空间扩张问题研究也应该在此框架下进行。

1.2　问题的提出

上述相关认识和理解构成了本书的研究背景,然而目前城市化地区空间扩张问题研究体系的松散使得我们的研究和认识往往止步于现状的辨析、特征的提取、规律的总结以及一些可操作性相对较差的规划性建议上,但值得一提的是,一个合适的切入点,往往可以使我们审视这一问题的角度有所收敛,方法和工具集也会相对完整。因此,本书主要关心的问题是:

(1)城市化地区空间扩张现象的背后虽然存在诸多的行为和规律,但影响其形态的主要驱动力是什么,其驱动机制又是如何作用的呢?

(2)城市化地区的承载系统是一个被认为与地区发展紧密相关的综合性要素,其对城市化地区的形态,尤其是在其扩张过程中所表现出来的影响效果是什么样子的?

(3)一个地区的承载能力存在着一定的人为可控和可改变性,那么其变化能否对城市化地区的空间形态产生一定的影响,进而对其产生合理的引导呢?

以上问题构成了本书的核心研究内容,但同时,价值取向和研究基础、依据背景的不同使得此方面的研究结论差异较大,并且体系分散,限于作者的研究领域及专业知识背景,需对上述研究主题的认识做进一步的说明:本人在攻读硕士及博士学位期间的专业研究方向为交通运输规划与管理,所从事的相关研究也大多限于此领域,在研究过程中,对交通基础设施这一典型的基础设施承载系统及其与地区社会经济发展互动关系的理解和认识逐渐深化和清晰,诸多交通基础设施的布局建设规划实际上与城市发展的空间扩张形态高度相关,并有着紧密的互动关系,这也引发了我对此方向相关问题的思考:交通、电力、水利、通信等基础设施的空间布局与城市空间扩张的影响作用应该如何测定和衡量?虽然目前针对交通基础设施与社会经济发展的相关性研究颇多,但从空间结构变化角度的研究尚有待深入,这也是本书的立题主旨之一。同时,随着城市化地区土地利用强度的提升,各项服务于社会生活生产的基础设施之间的相互作用和影响关系也变得日益复杂,单一基础设施规划的科学性及合理性已经不能满足地区经济发展的需要,这就要求基础设施的建设规划和改良性措施都必须考虑与其他各子项规划之间的作用关系,一个典型的实例可以充分证明这一观点,即目前开展的交通规划项目(尤其是城市化地区的交通基础设施规划)已经开始要求与对应其范围内的土地使用规划进行非常紧密的结合,充分评估土地的空间使用布局与交通需求及产生的交通行为之间的关系等。

在此基础上,在教育部高等学校博士学科点专项科研基金(20100205110006)、教育部人文社科基金项目(10YJA790184)和陕西省社会科学基金项目(08e040s)的资助下,本书以交通承载系统与城市空间形态的关系研究为核心内容,但在研究时进行了有意义的扩展,将其置于交通承载系统所对应的空间范围上进行研究,同时选取目前区域空间形态变化中最具普遍性的城市化地区空间扩张作为表征对象,来开展相关研究。

1.3 目的与意义

鉴于以上的立题背景,本书在研究过程中将秉承以下观点:对城市化地区空间扩张的基本特征、作用机理、演化阶段等问题进行探讨,对交通系统这一地区承载力子系统进行深入的解析和表述,研究其在发挥承载作用过程中的对象特点、承载特征、要素构成以及效用表现等方面的内涵,在此研究基础上,以整体的视角来分析交通承载系统和城市化地区空间形态扩张之间的互馈性演化特征,阐述交通承载系统对城市化地区在空间扩张的规模、速度、倾向性等方面所产生的影响,来支撑城市化地区空间形态特征和演化规律的推演和改良性重构,为实现城市化地区空间的合理化扩张及交通承载系统优化提供依据,进而为城市化地区实现可持续发展政策措施的制定、调整和落实提供参考,这也是本书的研究目的所在。

从研究目标定位和研究思路上看,本书的研究意义主要体现在如下两个方面:

(1)从理论意义上讲,城市化地区的空间扩张问题,尤其是蔓延式扩张问题的研究是一个世界范围内的热点话题,在国外研究中虽然已经有了一些沉淀,但其研究体系仍在不断深化和完善当中,反观国内,此问题的研究尚属起步阶段。本书的研究内容将为城市化地区空间扩张的认知、城市空间形态的演变机理、交通承载系统要素与城市扩张的关系等主流研究问题提供一定程度的补充和完善,为城市综合治理、规划及政策制定提供必要的理论依据和研究方法支撑。同时,通过对城市化地区交通承载系统的构建,对交通承载系统这一概念体系进行深入的分析和探讨,从时间、空间等不同的维度上建立交通承载系统的评价指标体系和计量方法,有助于对交通承载力内涵的进一步认知和理论体系的完善。力图对交通承载系统这一对象进行合理化表述,通过构建交通承载系统与城市化地区空间形态的互动关系模型来为城市化地区空间扩张的刻画提供简明、实用的参考和方法集。

(2)从实践及应用意义的角度来看,我国独特的经济发展模式(城市的要素高度集聚化与空间形态迅速扩散化共存)使得我国城市化地区在形态演变过程中不得不面临国外大多数发达国家没有面临过的发展资源强约束和社会经济目标计划性强推动的局面,同时,我国相应的城市空间形态调控手段及策略框架尚未建立,因此,在充分借鉴国外经验做法的同时,需要慎重地考虑其内在的差异,思考其是否适应中国的国情。本书的研究将通过对城市空间扩张问题的深入解读对其与交通承载系统关系的深入辨析,科学分析各种不同发展情景下的城市内部交通承载系统的发展演变及其可能产生和需要的政策影响和控制策略,为国家以及不同空间尺度上的城市化地区空间布局规划提供科学依据,对刻画城市发展未来情景、相关变化因素对城市内部社会经济系统的整体影响,并寻求合理有效的解决途径,从而实现控制用地规模、科学指导规划、保护生态资源及环境具有重要实际意义。

1.4 相关研究进展

1.4.1 城市空间扩张问题相关研究

20 世纪初期之前,人们对于城市空间形态变化问题的关注并不明显,这是因为城市空间形态在不断的“发展”过程中并未对人类的生活水平以及生存环境产生直观影响,因而对其的相关研究大多集中在了表述特征、描述规律等方面。而 20 世纪 50 年代以来,以美国为典型代表国家的城市化地区出现了迅速的郊区化倾向,在空间形态上不断地向外延伸,使得城市边界一再外延并逐渐模糊,同时带来了交通拥堵、环境污染、资源浪费等一系列日益严重的问题,这使得社会各界意识到蔓延式的城市扩张问题已经开始影响到国家和地区的可持续发展和居民生活质量,因而均对此现象产生了具有针对性的关注,城市空间形态问题的研究也由此而生。然而与此同时,在经济学领域,对城市空间形态的现象解释和机理分析也是同步进行的。自 17 世纪开始的早期经济学等学科研究中,威廉·配第、亚当·斯密、大卫·李嘉图等学者在“农业区位论”“工业区位论”等经典论述中从级差地租、空间运输成本等角度对空间选址进行了分析,除此之外则少有对城市空间形态合理性变化的相关研究。马克思在批判、继承、发展的基础上创立了马克思主义地租理论,但这些研究都还是依附于政治经济学,正如马克思所言,“城市的空间秩序就是资本主义生产秩序的另一种表现形式"❶。1933年,克里斯泰勒(Christaller)发表了《德国南部的中心地原理》一书,确立了中心地理论,认为商品的销售范围与需求水平是决定城市聚落配置、大小、数量及其相互等级的特殊经济空间规律,深刻地揭示了城市聚落发展的区域基础及等级、规模的空间关系,为城市规划和区域规划提供了重要的方法论。

相应的,城市空间形态在社会学、规划学、地理学等领域的较多研究成果也是在"蔓延"等负面的城市形态扩张现象受到关注后才较为集中出现的,可以认为,现有研究中对于城市空间"合理性扩张"的相关结论是伴随着城市规划理论的不断演化而推进的,即人们始终在"主观"的构想与设计理想化的城市空间形态演化路径,因此,可以认为城市空间"合理性扩张"的研究路径与城市规划史的思想演化过程是基本一致的,鉴于此,本书将在后续的有关城市空间形态扩张的城市规划史回顾当中对"合理性扩张"相关研究进行详细阐述,而在此部分,本书则主要对"非理性的城市空间扩张",即"蔓延"问题的相关研究进行综述,意在着重总结城市空间扩张过程中产生的问题,以便更为直观和有针对性的发现城市空间扩张过程中与周边环境的相互作用和影响,尤其是与生态环境、自然资源、基础设施等承载要素之间的互动和反馈关系,为本书的深入研究提供依据。之后,将对交通承载系统的相关研究进行综述,并对两者相互作用的研究切入点进行更为深入的述评。

1.4.1.1 概念及内涵

从城市规划理论的研究角度看,自20世纪50年代起,城市空间的非合理扩张——"蔓延"概念在西方经历了一个不断发展变化的历程。根据《Urban Sprawl》一书中的年代表所述,William H. Whyte在1958年的一篇文摘中首次使用了"城市蔓延(urban sprawl)"这一术语❷,在此之后,Jean Gottmann(1961年)❸、Clawson(1962年)❹、Anthony Downs(1994年)❺等学者对蔓延的特性研究和概念界定都做出了重要的奠基性工作。其中地理学家Gottmann于1961年提出的概念较具代表性,他将城市蔓延描述为"大都市边缘持续不断的扩张,并且,大都市边缘总有一个带状的土地处于从乡村向城市的转化过程中"❷。美国精明增长小组(Smart

---

❶ 雒占福. 基于精明增长的城市空间扩展研究—以兰州市为例[D]. 兰州:西北师范大学. 2009.

❷ Williams H. W. The exploding metropolis[M]. Berkeley: University of california press, 1958.

❸ Gottmann. Megalopolis: The urbanized northeastern seaboard of the United States[M]. New York: Twentieth Century Fund, 1961.

❹ Clawson. Urban sprawl and speculation in suburban land[J]. Land Economics, 1962, 38(2):99-111.

❺ Downs A. New Visions for Metropolitan America [M]. Washington D. C.: The Brookings Institution and Lincoln Institution of Land Policy, 1994.

Growth Group,2002 年)将蔓延定义为"土地开发的扩张速度远远超过人口增长速度的过程",这个扩张过程具体表现在:低密度开发与人口的大范围扩散;严格划分的居住、商业、办公区;巨型以及低通达性的街区街道和缺少明确的、富有活力的中心"等四个方面[1]。针对蔓延形态描述及成因方面,Burchell(1998 年)[2]、Russ Lopez(2001 年)[3]和 H. Patricia Hynes(2003 年)[4]的研究中给出了一些较为明确的研究结论,可归纳如下:"蔓延即通常所谓的'摊大饼'式开发、蛙跳式开发和沿主要交通走廊的带状开发";土地开发强度较低;土地利用模式单一而分散;同时小汽车导向型交通模式极大地刺激了大尺度的土地开发并诱导了蔓延的发生[2][3][4]。

尽管蔓延的现象出现的如此让人印象深刻,甚至"刻骨铭心[5]",以至于人们因此对国家、对未来的发展产生了深深的担忧,但目前为止,蔓延问题还没有一个唯一的、公认的、清晰的和充分的定义,与上述概念界定类似,国外诸多学者以及研究单位都从其研究的特有切入角度出发,对蔓延问题的定义进行了多种有益的尝试,这些定义变化诸多,视角不尽相同,含义也各具特色。可以认为,早期的蔓延问题主要针对城市化地区土地的不连续开发和使用,到了后期,蔓延的概念已经扩展到了对土地开发密度、交通系统的负担及作用、社会福利水平等多个方面,浙江大学的冯科博士曾在其《城市用地蔓延的定量表达、机理分析及其调控策略研究》中对蔓延的定义问题进行了非常精炼的总结,见表 1-1。

蔓延内涵的界定与比较[6] 表 1-1

研究学者或机构	蔓延的定义
Guttmann(1961)	大城市边缘持续不断的扩张,以及大城市边缘的一个带状区域从乡村向农村转化的过程
Downs(1994);Mills(2003)	郊区化的特别形式,意味着过度的郊区化
Pendall(1999)	一种低密度的城市化现象
Dutton (2000);Soule (2006)	发生在城市边缘地带的低密度的、无序的、功能单一的、依赖小汽车交通的土地扩展

---

[1] Miller J. S. , Hoel L. A. The "smart growth" debate: best practices for urban transportation planning[J]. Journal of Socio Economic Planning Sciences,2002,36(1):1-24.

[2] Burchell,R. W. The costs of sprawl-revisited[M]. Washington D. C. :National Academy Press,1998.

[3] Lopez. R,and H. P. Hynes. Sprawl in the 1990s: measurement,distribution and trends[J]. Urban Affairs Review, 2003,38(3) :325-355.

[4] H. Patricia Hynes,Urban Environmental Health[M]. New York:Jones & Bartlett Publishers,2003.

[5] 奥利弗 · 吉勒姆. 无边的城市—论战城市蔓延[M]. 叶齐茂,倪晓晖,译. 北京:中国建筑工业出版社,2007.

[6] 冯科. 城市用地蔓延的定量表达、机理分析及其调控策略研究[D]. 杭州:浙江大学,2010.

续上表

研究学者或机构	蔓延的定义
Smart Growth America (SGA) (2004)	土地开发速度远远超过人口增长速度的过程。其集中表现为:低密度开发与人口的大范围扩散;严格划分的土地利用类型;低通达性的街区;中心区的衰退
Sierra Club(1998)	超过服务和工作边缘的一种低密度开发,而且将商店、工作、娱乐、教育的功能用地分割开来,此外,不同功能区之间需要机动化的出行方式
Oliver Gillham(2002)	低密度、跳跃式开发、商业走廊开发、低可达性、用地功能单一、开发空间的缺失

国内诸多学者也对蔓延问题的有着不同的见解和认识,除了对国外提出概念的综述及改进外,大多数学者均认为蔓延问题必将成为中国城市化过程中的一个重要问题,在结合我国实际情况的蔓延定义及其理解方面,研究相对较少,目前国内蔓延问题的研究对象也主要集中在北京、上海等空间形态发展比较明显的城市化地区。2007 年李强、杨开忠等学者在《城市蔓延》一书中曾以北京作为研究对象,对蔓延概念进行了如下的界定:"城市蔓延是城市空间'摊大饼'式的快速扩张,在该过程中城市化用地迅速扩张,并伴生交通拥堵、绿带被侵蚀、基本农田被侵蚀等城市问题"❶。2007 年蒋芳、刘盛和等学者在《北京城市蔓延的测度与分析》一文中,也给出了蔓延的定义,即"非农建设用地以高速、低效、无序的形式向周边地区进行扩张"❷。

值得一提的是,在蔓延问题的认识中,有两点需要注意:

(1)从时间限度看,虽然在理论界"蔓延(Sprawl)"一词与"城镇化(Urbanization)""离心化(Decentralization)""郊区化(Suburbanization)""边缘化城市(Edged Urbanism)""逆城市化(Counter-Urbanization)"等词语几乎是同时出现的,同样代表了地区内部要素资源集聚地和人类社会经济活动承担地的不断扩张和演变,即城市化地区边缘地带不断的城市化,其本义并不具有效果上的倾向性,但蔓延一词在学术研究和现实讨论中似乎更多的与无序放大、过度开发、环境污染、土地浪费、资源流失以及出行活动成本上升、社会福利恶化、犯罪率上升等负面现象和问题联

❶ 李强,杨开忠. 城市蔓延[M]. 北京:机械工业出版社,2007.

❷ 蒋芳,刘盛和,袁弘. 北京城市蔓延的测度与分析[J]. 地理学报,2007a,62(6):649-658.

系在一起。正如2008年陈明星等所说,“随着蔓延问题研究的深入,城市蔓延的词性开始从中性向贬义转变,早期城市蔓延仅仅指城市在空间上的扩张,但随着全球的城市化进程和城市用地无序贪婪式的蔓延,多数人认为城市蔓延已经引起一系列的环境、能源以及经济低效、社会不公、社区文化丧失等问题,甚至可能会危及城市和全球的可持续发展❶”。

(2)对于蔓延的认识往往与郊区化问题结合在一起,国内外学者普遍认为,蔓延本质是一种郊区化现象,其发展模式超出了城市自身的发展界限,并且具有无目的性和机动化导向的特点,然而就郊区化自身的概念理解来讲,其分为狭义及广义的郊区化两种形式,狭义的郊区化主要是指城市中心地区的人口以及城市主要功能的向外迁移,并且这种迁移导致了城市中心地区的衰退,即出现了“空心化”“弱中心化”现象,这种郊区化才是真正意义上的郊区化;而广义的郊区化含义则较广,一方面是指城市中心地区以及建成区在景观上的郊区化;另一方面则是指城市周围的农村区域受到城市膨胀的影响,向城市性因素和农村性因素相互混合的近郊地域变化的过程,需要注意的是,这一概念当中并未提及城市中心地区是否出现了停滞以及衰退的迹象❷。因此,传统意义上的城市化地区蔓延问题所对应的郊区化应该与广义的郊区化现象相吻合,尽管美国在20世纪60年代伴随着城市蔓延的发展出现了“城市中空化”现象,但其并不具有普遍性意义,相反,正如2000年顾朝林所说,“广义的郊区化,即城市在空间平面上出现的分散化现象,亦或称之为蔓延,是世界上的大多数城市在发展过程中出现的较为普遍的一种现象”❸。

1.4.1.2 计量及测度

如何衡量单个城市亦或城市化地区是否出现了蔓延式的扩张?蔓延的严重程度如何?这两个问题一直是城市空间形态问题研究的焦点,在蔓延问题研究的度量及测算方面,可以说诸多学者做了大量的尝试性工作,一般研究认为,城市蔓延程度是一个相对概念,除一些特定时期的城市边界较为明确和固定的城市,可以说世界大部分城市都没办法明确判别蔓延是否已经确切的出现,即如何将蔓延特征性要素转变成能够有效度量指标显得非常困难。目前来看,西方学者还没有设计出一套比较系统、准确、完善的用来表示城市蔓延的精确测度体

❶ 陈明星,叶超,付承伟.国外城市蔓延研究进展[J].城市问题,2008,153(4):81-86.

❷ 马强.走向精明增长:从“小汽车城市”到“公共交通城市”[M].北京:中国建筑工业出版社,2007.

❸ 顾朝林,甄峰,张京祥.集聚与扩散:城市空间结构新论[M].南京:东南大学出版社,2000.

系，即超过什么样的指标可以界定为城市蔓延，反之则不属于城市蔓延❶。问题的焦点在于，城市究竟是在正常的扩张还是出现了危害性的蔓延是一个非常难以确定的问题。

目前，西方学者大多采用设定指标，并对指标进行对比的手段来判定城市化地区的蔓延程度。早期研究中，以单个典型指标作为衡量标准的方法较为常见，2001年 Fulton❷ 的研究中，就选择了用人口密度来衡量城市蔓延程度的研究方法。2001年 Lopez 和 Hynes❸ 认为，一个良好的城市蔓延标定方法必须具备客观、独立和可量化及易于推广 3 个特性，认为“密度”对于测度城市蔓延至关重要，而居住密度比就业密度更能表征蔓延特征，并就此设计了目前最具影响力的蔓延测定指数，计算公式如下：

$$SIi = \left(\frac{S\%_i - D\%_i}{100} + 1\right) \times 50 \tag{1-1}$$

式中，SIi 为城市 i 的蔓延指数；$S\%_i$ 为 i 城市低密度（200 ~ 3500 人/mile^2）地块的人口百分比；$D\%_i$ 为 i 城市高密度（ >3500 人/mile^2）地块的人口百分比。

Kolankiewicz Beck（2001）用 1970—1990 年的城市化用地增量来考察美国 100 个最大的城市化地区的城市蔓延情况，用土地消费的增长速度是否超过人口的增长速度作为城市蔓延的判断标准，当城市土地消费的增长速度超过人口的增长速度，就认为城市处于蔓延状态❹。

20 世纪 90 年代开始，伴随研究方法以及技术的进步，人们对蔓延测度这一问题的复杂性得以深入，多指标因子的测度方法也随之产生，其研究结论相比单指标而言，也更加的丰富和具有实际性含义。2002 年 Galster 用居住密度（density）、用地连续性（continuity）、集中度（concentration）、集群度（clustering）、中心性（centrality）、土地多样性（diversity）、居民居住与就业距离接近度（proximity）等 8 项指标来测度城市蔓延程度❺。2002 年 Hasse 用人口密度（density）、建设用地不连续蛙跳式发展程度（leap frog）、土地利用分割程度（segregated land use）、区域规划不一致程

❶ 李强，刘安国，朱华晟. 西方城市蔓延研究综述[J]. 外国经济与管理，2005，27（10）：49-56.

❷ Fulton，W. ，R. Pendall，M. Nguyen，A. Harison. Who Sprawls Most How Growth Patterns Differ Across the U. S. [M]. Washington D. C. ：Brookings Institution，2001.

❸ Lopez. R，and H. P. Hynes. Sprawl in the 1990s：measurement，distribution and trends[J]. Urban Affairs Review，2003，38（3）：325-355.

❹ Kolankiewicz L，Beck R. Weighing sprawl factors in large U. S. cities：Analysis of U. S. bureau of the census data on the 100 largest urbanized areas of the United States[R]. Washington D. C. ：NumbersUSA. com，2001.

❺ Galster G，Hanson R，Wolman H，et al. Sprawl to the ground：Defining and measuring an elusive concept [J]. Housing Policy Debate，2001，12（4）：681-717.

度(regional planning inconsistency)、蛙跳式开发现象(Leap frog)、新增交通基础设施的无效程度(New road infrastrueture inefficieney)、可替代运输工具的非可达性(Alternate transit inaccessibility)、社区结点的非可达性(Community node in-aeeessibility)、开放性公共空间的减少(Sensitive open space encroaehment)、重要土地资源的被占用(Loss of important land resources)、单位面积不透水表层的增长程度(Increase per unit impervious surfaee)、城市增长的轨迹(Urban growth trajectory)及沿高速公路带形发展(highway strip development)等12个城市蔓延地理空间指数来度量土地资源的使用效应和城市成长的特性[1]。但需要指出的是,多指标的测度方法由于数据的可得性较差显得复杂和难度较大,以上诸多指标的获取都需借助GIS空间技术及大量时空面板数据才得以实现,因此对其开展广泛性的研究依然有所受限。

除上述数量化指标判定方法外,西方学者所常用的方法还有以分形理论为基础的分形维度法、美学程度和接近度测量法等,分形维度较好地反映了城市在二维空间上的发展情况,城市蔓延的美学程度测量则由于对美学评价的主观性较强而较难推广。可及性(又称可达性)是蔓延测度的另一种主要方法,可及性的效用度量方法源自空间选择模型和决策理论,在此则表示距某起点一定距离范围内可选择路径的效用价值,城市范围内具有较大交通效用价值者被认为可及性相对较好,即间接反映其蔓延的程度较低[2]。

反观国内,由于研究历程较短,虽然至今还没有形成一个清晰的、公认的用于测定城市蔓延的方法,但其中已经不乏诸多有益的尝试,并取得了有相当意义的研究成果。2009年刘卫东等在城市空间测度的基础上,运用社会经济的发展协调度模型,对蔓延指数进行了修正,并以杭州市为研究对象进行了模型验证[3];2006年李强在单中心城市模型的基础上,建立了一个北京城市蔓延的城市经济模型,用来解释北京城市出现蔓延式的快速扩张的原因[4];2007年杨东峰在参考国外相关研究的基础上,建立了的“单指标”地理空间测度方法,设定了蔓延判定指数、蔓延程度指数和结构指数等指标,并以国内的53个重要城市为算例进行了验证[5];2008

---

[1] Hasse J E. Geospatial indices of urban sprawl in New Jersey[D]. New Jersey: The State University of New Jersey,2002.

[2] 张坤. 城市蔓延度量方法综述[J],国际城市规划,2007,22(2):67-71.

[3] 刘卫东,谭韧膘. 城市蔓延评估体系及其治理对策[J]. 地理学报,2009,64(4):417-425.

[4] 李强,杨开忠. 城市蔓延[M]. 北京:机械工业出版社,2007.

[5] 杨东峰. 1990年以来我国大城市空间增长的历史态势:蔓延或紧凑? [A]. 和谐城市规划—2007中国城市规划年会本书集,2007:389-396.

年秦志锋以郑州市为例,从城市空间的演变过程、蔓延驱动力和蔓延程度等三个方面入手,用城市的扩张程度、扩张指数等指标来测量其蔓延程度,得出了郑州市目前还未出现城市蔓延,城市形态趋于稳定,但有蔓延趋势的结论❶;2007 年蒋芳针对现阶段我国城市用地快速扩张和无序蔓延的现实问题,以北京市在 1996—2004 年期间的城市扩张作为研究案例,提出可以从城市扩张形态、扩张效率和外部影响等三个方面来判识城市蔓延现象,并提出基于地理空间指标体系的城市蔓延测度方法❷。

1.4.1.3 对策及治理

城市蔓延问题的出现引发了学者、规划学家及政府管理部门的多方关注,相应地提出了一些尝试性的做法,这其中可以分为两个主要的类别:一方面通过对城市的监控性指标的设计,主要从生态环境、土地资源、水资源等自然环境的改变程度入手,来观测城市的蔓延问题给城市带来的影响和危害程度;另一方面,欧洲与北美的规划学界从城市可持续发展的理念入手,掀起了一股主张限制城市无序发展、致力于建设一个环境友好的、富有活力的新城市主义规划运动,针对蔓延问题提出了一系列针对城市亦或大城市化地区的改良性规划理念和规划手段,例如"紧凑城市""城市成长边界""成长管理"及"精明增长"策略等,这其中最具影响力、公认性最强、内涵最为完善的当属"精明增长"策略。下面根据以上各种蔓延治理方法的沿革过程对其进行综述。

2006 年李强和戴俭在《西方城市蔓延治理路径演变分析》一文中,曾经有过这样的论述:"在经历了第二次世界大战后的迅速郊区化过程之后,蔓延的治理问题逐步被提上了议程,到了 20 世纪的 60 ~ 70 年代,区域主义开始重新复苏,一些城市化地区发现在利用吞并(Annexation)和合并(Consolidation)其他市政的方法来获取都市发展空间已经不可能时,便开始尝试通过建立强有力的都市区政府(Metropolitan Governments)、设立新的区域服务区(Regional Services Districts)及专门的区域税收区等方式来解决城市空间发展的矛盾与冲突,并试图解决城市的无序蔓延问题;区域成长控制、区域交通和土地利用规划协调、区域税收资源共享等成为区域主义学者解决城市蔓延问题时比较常用的政策工具❸。"

20 世纪 60 年代以后,美国的规划及地区治理部门以项目管理思想为基础,提出了一种对城市土地开发及建设项目限制的蔓延治理方法,称之为城市增长管理

---

❶ 秦志锋. 中国城市蔓延现状与控制对策研究[D]. 开封:河南大学,2008.

❷ 蒋芳,刘盛和,袁弘. 北京城市蔓延的测度与分析[J]. 地理学报,2007a,62(6):649-658.

❸ 李强,戴俭. 西方城市蔓延治理路径演变分析[J],城市管理,2006,13(4):74-77.

(Urban Growth Management,简称UGM),UGM一经提出便在20世纪70~80年代迅速地流传开来,至今为止,增长管理的手段已经成为以精明增长为代表的蔓延治理工具框架的重要部分。1994年John M. Levy指出,城市增长管理一般被定义为对建设项目开发的时间、区位及开发性质作出的总体安排,增长管理的本质不是抑制增长,而是在寻求保护与发展之间的平衡,寻求开发形式和基础设施供给之间的均衡,寻求公共服务需求和财政供给能力之间的平衡,寻求进步和平等之间的平衡。城市增长管理与传统的城市规划主要不同之处在于它考虑了土地利用控制和资本投资之间长期的协调发展,其最初的用意是通过限制新的开发来保护已有的环境资源❶❷。20世纪70年代以后,城市增长管理的概念逐步从单纯的限制增长逐渐演化成协调城市发展过程的一种手段,今天的城市增长管理的概念主要是指试图用规划、政策等工具以及技术手段来影响新开发项目的区位;增长管理不仅要容纳新的开发,同时保护社区的特性、保护环境和开敞空间,并且要限制新的基础设施投资,为了实现这些目标,不同的国家和地区在实践中逐步形成了一系列的政策工具,包括增长地理边界限制(Boundaries Mapping Geographical Limits to Urban Growth)、年度建设项目限制(Annual Building Limits)、土地保护计划(Land Conservation Programs)、创新性分区制技术(Innovative Zoning techniques)及充足的公共设施建设条例(Adequate Publicfacilities Ordinances)等。

在20世纪80年代后期,城市规划者及建筑设计师们开始倡导用紧凑的发展模式来取代传统的蔓延扩张模式,并逐步形成了新城市主义的规划设计理念,Andres Duany和Peter Calthorpe是新城市主义的主要代表人物,Andres Duany与Elizabeth Plater-Zyber提出了用传统的邻里开发(Traditional Neighbourhood Development,TND)来取代蔓延式的开发模式,Peter Calthorpe则倡导用公共交通导向的开发(Transit-Oriented Devel opment,TOD)来进行城市的空间扩张开发,这两套城市社区规划设计模式,被学术界统称为"新城市主义"(New Urbanism)。1993年Peter Katz组织成立了"新城市主义大会"(Congress of the New Urbanism),并于1996年召开了第四次新城市主义大会(Congress for New Urbanism),大会批准通过了《新城市主义宪章》,否定了1933年国际建筑师协会通过的《雅典宪章》。总结起来看,紧凑的发展和土地的混合利用是新城市主义者解决城市蔓延问题的主要思想,其规划设计思想主要强调两点:第一,进行土地综合利用,打破传统的纯化的功

❶ 奥利弗·吉勒姆. 无边的城市—论战城市蔓延[M]. 叶齐茂,倪晓晖,译. 北京:中国建筑工业出版社,2007.

❷ Levy, John M. Contemporary urban planning[M]. Upper Saddle River, N. J. :Prentice Hall,2000.

能分区,利用较少的土地进行建设;第二,追求步行和公共交通友好的社区建设模式[1]。

由于新城市主义的规划者认为缺少邻里设计(Lack of Neighbourhood Design)、区域性规划(Lack of Regional Planning)、分区制(Zoning)和政府政策(Zoning and Government Policies)、城市开发的专门化和标准化(Specialization and Standardization)及小汽车和高速公路的发展(Automobile and Highways)是导致城市蔓延的五大原因[2],因此,规划和设计的方法成为新城市主义者解决城市蔓延问题的主要手段,建立新城市主义社区(Newurbanist Communities)是新城市主义学者解决城市蔓延问题的主要路径,新城市主义的社区又被称为新传统(New Traditional)社区、公共交通导向(Transit Oriented)社区、步行导向(Pedestrian Oriented)社区以及传统邻里设计社区(Traditional Neighbourhood Design)[3]。

20 世纪 90 年代初期开始,在美国前副总统戈尔的计划和推动下,美国联邦政府启动了"精明增长(Smart Growth)"计划,这一计划的主要目的是为了针对日益严重的郊区化、城市无序蔓延以及城市中心地区的不断衰退问题开展治理。2002 年 Oliver Gillham 对精明增长一词进行了深入的解析和表述,他认为,精明增长是指既要支持城市的增长,又要规避这种增长带来的负面影响。在戈尔的推动下,"精明增长"一词成了社会各界统一行动的口号,2003 年,美国城市规划协会(American Planning Association)在 Denver(丹佛)召开规划会议,会议的主题就是用精明增长的策略来解决城市蔓延问题,会议指出,精明增长有三个主要要素:第一,保护城市周边地区的郊区土地;第二,鼓励填充式开发(infill development)和城市更新(urban regeneration);第三,大力发展公共交通,减少对小汽车等个性化机动工具的依赖[4]。2002 年 Oliver Gillham 在其著作《无边的城市—论战城市蔓延》总结了精明增长策略的几个主要方面以及其相关主要措施,其包括:①向外增长边界限制(Boundaries limiting the outward extension of growth);②开敞空间的保护(Open spaceconservation);③老城中心地区、郊区内环线内和衰退的老商业中心的恢复;④紧凑的、混合土地利用开发以及步行和公共交通;⑤区域规划协调;⑥借助于公共交通,减少对小汽车的依赖,并支持多样化的开发方式;⑦税收收入和财政负担的平等共享。其主要内容见表 1-2。

---

[1] 李强,戴俭. 西方城市蔓延治理路径演变分析[J],城市管理,2006,13(4):74-77.

[2] Dutton,John A. New American urbanism:re-forming the suburban metropolis[M]. NewYork,NY:Distributed in North America and Latin America by Abbeville Pub,2000.

[3] Berlin,Cynthia. Sprawl comes to the American Heartland[J]. Focus,2002,44(4):1-9.

[4] 李强,戴俭. 西方城市蔓延治理路径演变分析[J],城市管理,2006,13(4):74-77.

精明增长策略的措施及技术手段❶ 表1-2

精明增长措施	案例技术手段
开敞空间保护	规制控制(环境限制、分区控制、开发权转移等) 减缓和契约限制 税收激励 土地许可
成长边界	地方城市成长边界 区域城市成长边界
紧凑发展	传统邻里开发 公共交通导向的开发 公共交通村落
老地区的复兴	市中心和主要街道的再开发项目 棕地再开发 灰地再开发
公共交通	地方公共交通项目 区域公共交通项目
区域规划协调	区域政府 区域权威机构 区域基础设施服务区
资源和负担共享	区域税收共享 区域可负担住房项目

注:棕地是指以前已经开发过的地点,即现在没有利用或利用程度较低的地块,比如废弃的工业场地等。灰地也是以前已开发的地点,现在已经废弃或利用程度较低的地块,比如老的购物场所或多余的机场等。

1.4.2 现有研究综述及切入点解读

从总体上看,城市化地区的空间扩张相关问题的研究有着宽广的研究领域,国内外相关研究成果较为丰富,但价值取向和研究基础、依据背景的不同使得不同导向的研究结论差异较大❷,致使空间扩张和承载力研究体系的内涵解释众说纷纭,

❶ 奥利弗·吉勒姆.无边的城市—论战城市蔓延[M].叶齐茂,倪晓晖,译.北京:中国建筑工业出版社,2007.

❷ 朱蓉.集体记忆的城市形态构建的时间观与价值取向[J].建筑,2006,62(1):68-72.

研究难以形成一条系统的主线，理论体系上表现较为松散，没能形成具有足够解释力的概念体系和方法工具集。可以基本认为，已有研究在城市化地区内部承载力的构成、变动和空间分布作为城市化地区空间扩张形态的决定性因素方面研究不足，虽然在“农业区位论”“工业区位论”“核心—边缘理论”“增长极理论”“空间扩散理论”“点轴理论”等关于城市化地区空间扩张的经济和地理学理论成果中，除关注经济活动的自组织行为之外，对资源供给条件的约束性和启发性作用都做了明确的阐述，尤其是在交通基础设施、城镇水系资源两方面对承载力的影响进而表现在城市空间形态上的研究成果较多，但应当看到，对交通承载力这一典型基础设施承载力研究体系的不完整仍使得现有理论对“飞地”经济、“蛙跳式”开发、“非弱中心化扩散（即在出现城市空间扩散时，城市中心并没有出现相应的衰落，反而出现了不断繁荣，人口等要素聚集程度以及土地利用强度不断提升的情况）”等空间扩张现象的解释力度尚有所欠缺。

尽管从直观感觉上，经济学和规划学界对城市形态扩张过程中是否超越了城市承载系统的极限一直抱有不确定性，诸多专家及学者不停地询问和思考这样的问题，即“城市是否在合理扩张？是否超出了承载系统的极限？”，却一直没有肯定的答案。但可以认为，城市化地区内部空间利用效率的降低、城市空间无序蔓延以及交通拥堵和生活成本提高等所谓“城市病”的出现使得城市的综合承载系统与城市空间形态之间的作用关系辨析成了解决问题的关键所在。

从供给的角度来讲，城市的承载能力是一种复合资源系统，这种网络包括了基础设施、技术装备、制度保障等诸多方面。城市承载系统作为城市化地区内部社会经济文化活动的载体，与城市化地区的形态演化发展之间存在着紧密相互作用关系：一方面，城市综合承载系统作为城市在演变和发展过程中的约束条件，其系统的容量、密度、空间性差异等特征对城市化地区内部的活动产生着重要的影响，这一点从被普遍认可的交通类基础设施对城市形态的塑造性作用即可看出；另一方面，城市的综合承载系统又不是静态、固定不变的，它与科学技术进步、生活偏好和生产消费模式以及社会行为倾向性高度相关，且与不断变化的物理和生态环境紧密联系，合理的扩张和开发行为会使得承载能力得以提升，进而达到城市空间形态合理化扩张和可持续发展的目的。

从世界范围内的城市发展演变过程来看，城市化地区在形态扩张过程中所出现的都市圈、都市带、城市群等不同的形态只是区域社会经济系统发展的不同阶段，其本质遵循了“点状—线状—网状”的空间形成过程，然而在这过程中，城市的交通承载系统作为区域空间活动的重要基础和组成部分，在整个区域空间结构的形成和演变过程中起着至关重要的作用。这种承载系统所构成的空间网络作为城市化地区内部的社会经济活动的“基质❶”性载体，对城市内部自身的变化行为具有较强的集聚力、扩散力和综合服务能力，在相当程度上能够主导和带动地区内部社会经济的快速发展，是整个区域增长的根基性网络、控制性网络和辐射性网络。城市化地区的交通基础设施承载力在空间上的网络化布局及倾向性特征在很大程度上影响着社会活动和经济行为的变化和发展，其所反映出来的生产生活要素聚集、产业结构空间组织、技术创新带来的生产效率提高和知识溢出以及社会价值取向影响等方面都发挥着领先的作用，进而对城市化地区的空间扩张形态产生了直接的影响，其在城市化地区空间形态的形成和发展过程中意义重大。

在对以上研究成果进行解读和思考时，还需注意到，从研究成果的产生时间上看，上述问题的产生是与能源紧张和生态环境的恶化同步出现的，这种不同时期研究成果内涵和侧重点的不同反应了城市化地区在空间扩张的过程中存在着时间维度上的阶段性跨越。Bob marley（1963 年）和 Meadows（1972 年）的“增长的极限”以及“门槛理论”的提出，说明了不同时期承载能力将会由于地理环境限制、技术瓶颈、空间可达性制约、投资不足等因素产生“短板效应”，形成了城市扩张过程中的阶段性划分，除非采取有效的手段（例如超合理规模的追加投资）来跨越门槛，才能有效地使城市进入新容量环境下的增长期❷，不同时期的土地利用分区格局、主导的空间组合形态和建设风格特征差异则是这种门槛效应的具体表现❸。

综上所述，对现有研究的认识以及相关问题可以归纳为以下几个方面：

（1）现有研究对城市化地区空间扩张形态的刻画性工作较多，在国外研究来看颇为全面，几乎涵盖了与空间扩张问题有关的所有方面，包括了内涵、特征、机理、定量测度以及控制策略等，计量的指标体系和衡量方法成果也较为丰富，但对其内部的驱动力和影响因素的理解还有待深入。

（2）对空间扩张的机理分析着重关注了基础设施变化带来的影响，但对其组织行为和人为控制力等其他承载要素的影响和约束性分析研究不够，同时，不同学科研究对此问题的认识有所差异，例如规划学家往往指出小汽车的过度使用导致了蔓延的发生，社会学家则着重说明了郊区化的意识形态导致了人口的外迁，进而

---

❶ 谭文垦，石忆邵，孙莉．关于城市综合承载能力若干理论问题的认识［J］．中国人口·资源与环境，2008，(18)1:40-44．

❷ 王国爱，李同升．“新城市主义”与“精明增长”理论进展与评述［J］．规划广角，2009，7(4)：6-10．

❸ 蒋正良，李兵营．西方建筑学领域的城市形态研究综述［J］．青岛理工大学学报，2008，29(5)：68-74．

才出现了机动化依赖程度的提高。

(3)对城市化地区承载系统的整合和研究大多关注了承载力要素的定量化阈值判定和计量规模特征而忽略了网络空间结构对其形态影响作用的分析,除个别尝试性的工作外,大多数研究还止步于"定性认识—定量表述—定性分析—定性建议"的研究范畴内,对与形态扩张与承载系统的动力机制尚缺少进一步的、更为深入的理论意义上的规范研究和表达。

(4)国外的研究体系已基本趋于成熟,但西方学者(尤其是蔓延现象发生的典型国家——美国的研究学者)在特定的社会环境和发展阶段背景下给出的蔓延定义和形态表述是否具有普遍性和推广性,其是否适用于不同地区的发展中国家城市化现象的解析有待探讨,尤其是在注意到经济体制的差异以及政府政策制定和执行力方面的区别后,需要慎重地对研究对象开展研究和分析。

同时需要指出的是,国内对城市化地区空间扩张的基础理论、方法体系及相关问题的研究还处于初步探索和实践阶段,这与中国的城市化进程有着一定的关系,目前中国正处于城市化的高速发展期,经济利益的驱动以及需求的不断增长使得人们将注意力集中在了如何打造空间上的"大城市"上,城市用地的迅速扩张还没有使蔓延式发展的相关危害性凸显出来,因此尚未引起足够的关注和重视,再加上中国的国情与西方国家不同,因此相关研究的起步较晚。但目前中国以土地低密度开发为特征的城市蔓延式扩张已随处可见,相应的以高速公路和城市周边的快速城市道路网为代表的城市化地区交通基础设施规模迅速增长,城市化地区的空间扩张问题及影响已开始逐渐显现,借鉴西方成功的研究方法、研究思路及对策研究,可以在一定程度上避免无序蔓延所产生的严重后果,但同时,从研究对象上来讲,一方面我们面临着能源总量急剧下降、排放量受限、经济产业结构调整的重要难题,资源紧缺、环境恶化等问题的负外部性作用开始显现,另一方面又需要面临经济总量不断提升、经济计划性发展目标持续推进的驱动,人口的需求规模巨大、地方政府土地开发的利益冲动明显等因素都使得中国的城市空间扩张现象较为复杂。因此,在研究对象、规律总结及外部环境变量的选取上,需注意与典型的发达国家有所区别。

1.5 研究框架与内容

1.5.1 基本框架

城市化地区的空间形态问题研究始自于对城市的显性结构,即城市空间扩张表象问题的关注,这一现象最初被称之为郊区化,城市化地区空间形态的明显变化以及其带来的相关影响使得人们对这一问题开始了有意义的思考,但这一词汇的出现仅仅代表了对城市化地区空间形态变化的初步认识,在认识的不断深化过程中,城市化地区的空间扩张问题研究脉络才逐渐清晰起来,2007 年马强指出,20 世纪 90 年代后期以及 21 世纪以来,城市蔓延等空间形态的扩张问题成为了西方城市化问题研究中的新进展和新热点,应该说超越了“郊区化”研究的传统视角,将其从对人口迁移特征的研究范畴扩展到了城市空间扩张机制和效能作用的研究广度❶。

不同领域的研究努力使得城市化地区的空间形态问题研究成为了城市规划当中的一个比较系统的概念体系,并且日趋完善。然而,“城市蔓延(空间扩张)问题的研究相对郊区化而言,在立场上具有更加鲜明的价值取向性,从学术意义上看更为明确和完整,也更趋向于与传统空间规划的要素相衔接,在对研究主体在城市化、城市社会空间(人口变动和迁移)、土地利用方式、交通系统、环境保护、生态等进行了多角度、多层面和多维度的全面扩展❶”。可以认为,城市空间扩张问题的研究正处于其理论体系逐步建立和研究方法体系不断完善的过程当中,这与世界范围内的城市发展进程是分不开的。正因为如此,本书选择了交通承载系统作为城市空间形态问题及影响研究的切入点,研究内容将主要围绕着“一个具有既定特征的交通承载系统与城市化地区的空间形态变化(包括以蔓延为代表的危害性扩张和以城市增长为代表的合理性扩张)之间到底有着什么样的作用关系?”这一研究主线,从城市空间形态变化的相关现状表象分析入手,在通过对城市化地区的形态变化问题研究的多学科角度刻画基础上,对其相应的交通承载力体系统特征进行评述,利用城市形态扩张问题研究等相关的基本理论与方法,找出其中存在的要素特征、作用机理与动力机制,并从承载力调整和优化的角度出发,力图提出与此相匹配的交通承载系统优化途径,以期达到实现城市化地区空间合理扩张的研究目的。本书研究框架可用图 1-1 来表示。

1.5.2 主要内容

本书在研究内容上基本上是遵循“提出问题—剖析问题一揭示机理一探索策略”的思路而展开的,共分为如下几个部分:

(1)研究导论:论述研究背景、研究目的和意义。对相关基本概念进行界定,对国内外城市化地区空间扩张与综合承载系统相关研究进展进行综述,在此基础

❶ 马强.走向精明增长:从“小汽车城市”到“公共交通城市”[M].北京:中国建筑工业出版社,2007.

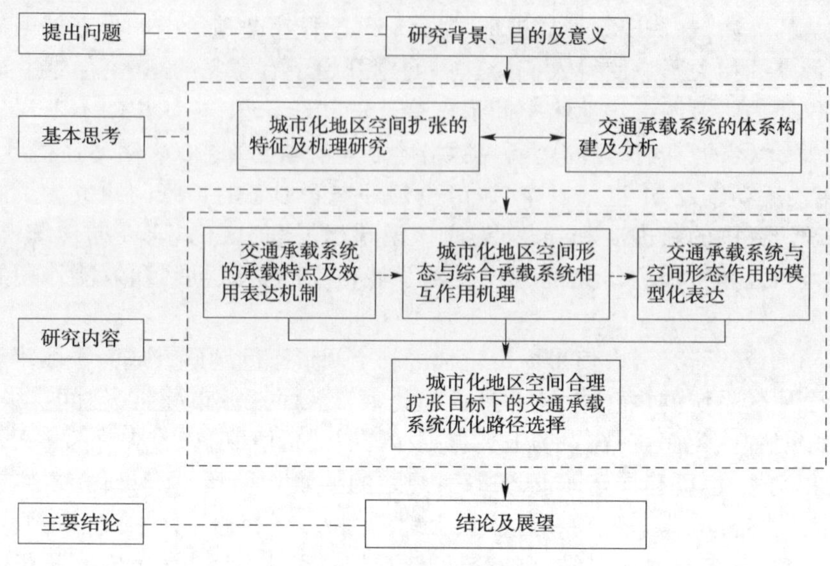

图1-1 研究基本框架

上,给出本书的研究思路以及主要内容框架。

(2)承载力与综合承载系统的相关研究:对承载力及综合承载系统的相关内涵,概念沿革,以及承载系统研究中涉及的人地关系等相关理论进行阐述,在此基础上,结合交通承载力的概念,给出交通承载系统的相关界定与理解。

(3)城市化地区空间扩张的机理及特征研究:以梳理城市化地区空间扩张研究的理论成果为基础,对城市空间形态变化的起因和阶段划分进行介绍,对城市化地区空间扩张的基本模式、典型特点和定量化的表征方法等问题研究进行阐述。

(4)交通承载系统的基本体系构建和系统分析:对交通承载系统这一研究对象进行深入的研究,从概念界定、系统构成、系统功能、作用对象等角度进行表述,同时给出其作为地区交通运输行为的基本载体,在考虑外界承载条件的约束条件下,应如何对系统评价体系进行指标化设计,并对交通承载系统的效用表现进行分析。

(5)城市化地区空间扩张与交通承载系统之间的互动关系:在对城市化地区形态演变问题的分析基础上,分析交通承载系统与城市化地区空间扩张的互馈性作用机制,详细解读交通承载系统对城市空间形态的作用以及城市空间形态对交通承载系统的影响,建立起城市化地区内交通承载系统与空间形态相互影响的作用框架。

(6)模型化研究及例证:构建城市化地区空间形态与交通承载系统的表现模

型以及相互作用模型来分析影响两者之间的作用关系,之后以一个实例来从区域城市层面上说明交通基础设施变化所引起的交通承载系统可达性变化情况,并说明其对不同区域以及城市空间形态的影响。

(7)城市化地区空间合理化扩张目标下的交通承载系统优化途径:在前文研究基础上,从交通系统资源的配置思想、交通与土地利用的模式选择、交通系统规划的流程改进等角度,提出交通承载系统的优化途径。

(8)结论及展望:对本书完成的工作以及主要研究结论进行总结,提出需进一步深化研究的问题。

第2章 承载力与综合承载系统

承载力理论起源于物理学,并在统计学、生态学和种群生物学逐渐得以应用,自承载力概念从物理学扩展到生态环境科学领域并一直延伸到城市社会经济系统研究中以来,其所被赋予的概念内涵及其所发挥的作用一直是研究关注的重点,在此基础上衍生而出的综合承载力、综合承载系统等概念也成为关注其系统构成与系统作用机制的关键问题,本章内容将在对承载力这一概念沿革过程进行解读的基础上,给出综合承载系统的基本概念界定,之后,以交通为例,提出交通承载力与交通承载系统的相关概念。

2.1 承载力概念沿革

虽然在不同发展阶段,承载力被赋予了不尽相同且不断丰富的内涵(承载力原为力学中的一个概念,指物体在不产生任何破坏时的最大负载,通常具有力的量纲❶;A. C. Smaal,T. C. Prins 等人认为,生态承载力是在特定的时间范围内,植被等特定的生态系统所能支持的最大种群数❷;当人们研究区域或城市系统时,普遍使用城市综合承载力这一概念,用来描述城市的外部环境对城市的社会经济变化所能够负担的最大承受能力),但一个基本的认识出发点在于,承载力代表了外部环境对人类自身活动的限制,并且这种限制框架与目前地区发展过程中面临的越来越多的负面效应是相互吻合的。

自1787年R. Malthus就粮食问题与人口极限的假说提出以后,承载力的相关研究就相继在经济学、人口学等领域展开❸。1798年,Malthus首次阐述了食物对人口增长的最终约束作用。他在其名著《人口原理》中假设:食物是限制人口增长的唯一因素,且人口呈指数增长而食物呈线性增长。由此他提出了第一个承载力研究的基本框架,即根据限制因子的状况,得出研究对象的极限数量。此后这一框

---

❶ 许联芳,杨勋林,王克林等.生态承载力研究进展[J],生态环境,2006,(15)5:1111-1116.

❷ 王宁,刘平,黄锡欢.生态承载力研究进展[J].中国农学通报,2004,20(6)12:278-281.

❸ 李东序,赵富强.城市综合承载力结构模型与耦合机制研究[J].城市发展研究,2008,16(6):37-42.

架被生态学、人口学、地理学等学科广泛采纳。Verhulst(1837 年)曾借鉴 Malthus 的人口极限理论(粮食的增长速度赶不上人口的增长速度),利用容纳能力指标反映人口增长的环境约束问题研究被认为是现今承载力研究的起源。

1921 年,Park 和 Burgess 在人类生态学领域首次提出了承载力这一概念,并将其定义为在某一特定环境条件下(主要指生存空间、营养物质、阳光等生态因子的组合),某种个体存在数量的最高极限。并率先指出,可以根据某一地区的食物资源来确定人口容量(Park et al., 1921 年)。随后,1953 年出版的由 Odum 所著的《生态学基础》一书以及 Roma club 发表的《增长的极限》都成为了承载力研究起源和理论发展过程中的重要里程碑❶。1953 年,Odum 尝试将承载力概念与对数增长方程中的理论最大值常数(K)联系起来,将承载力概念定义为“种群数量增长的上限”(Price, 1999 年)。“最大容量”作为承载力的定义应用了近百年之久,但是,人们在研究各种群动态时发现,最大绝对容纳量往往无法实现,因为种群在到达稳定的最大值之前便会因为过度损害资源而难以为继,因此,在理论最大值之前,很可能存在另一种更具实际意义的承载“上限”。

虽然《增长的极限》遭到了一些人的反对,主张技术进步和社会的发展具有自我修复性的人们认为,人类可以不断地克服“一种似是而非的存在的极限”的,即不存在所谓的“极限”,但不可否认,人们本能地从人类生存空间是封闭的这一事实基点出发,同时对自然环境开始“抗拒”和“阻碍”人类的活动这一现象展开了思考和认识。《增长的极限》一书有力地推动了承载力的应用、研究和发展,在书中,作者不仅仅考虑了粮食等基本生活要素对人类社会活动的制约作用,而且综合考虑了人口、能源、农业、工业和环境污染等多种因素的影响,并利用系统动力学的原理构建了“世界模型”,对人类社会未来的命运进行了预测,他指出,如果人类仍按目前的增长方式(指数方式)继续持续下去,现有的世界经济和社会发展模式将会在今后 100 年内发生毁灭性崩溃❷。

因此,从概念界定来看,承载力这一概念的提出是建立在以下的认识基础上的,即:任何环境,无论是自然环境还是社会环境,都存在一定的阈值,如果在此环境内的任何行为超出了这一阈值的极限,就会导致一种无法恢复的破坏。在此之后的研究中,承载力研究始终围绕着土地、水、人口、粮食、生态环境等与人类生活息息相关的方面展开,并被扩展到人类社会目前已知的、普遍面临的问题上,其开始广泛应用于不同的科学领域,如人口数量阈值、水资源供给能力限度、矿产与能

❶ 赵兵,资源环境承载力研究进展及发展趋势[J],西安财经学院学报,2008,21(3):114-118.

❷ 张林波,李文华,刘孝富,等.承载力理论的起源、发展与展望[J].生态学报.2009,29(2):878-888.

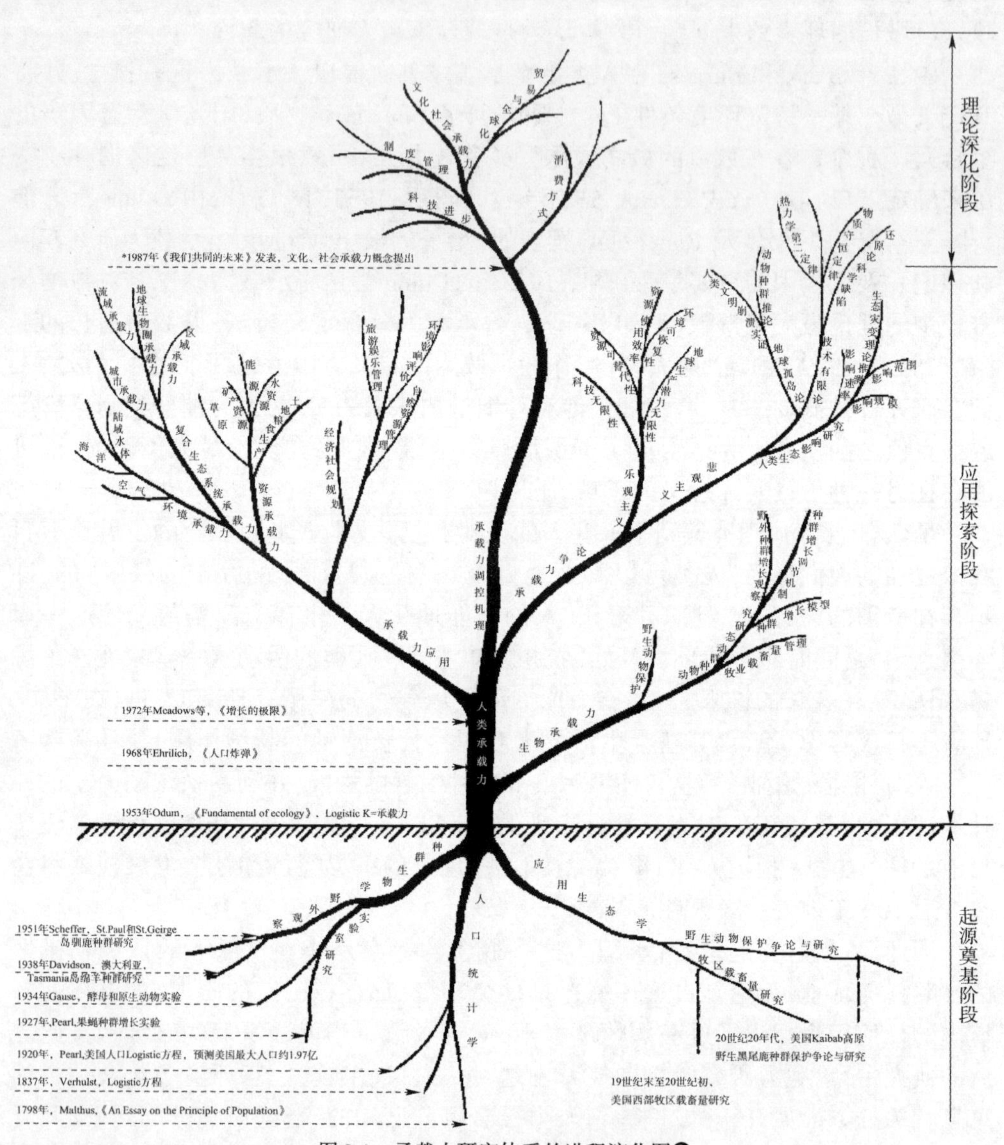

图 2-1　承载力研究体系的进程演化图❶

❶ 张林波，李文华，刘孝富等. 承载力理论的起源、发展与展望[J]. 生态学报，2009，29(2)：878-888.

源限度、森林及生态环境容量等等。1978 年以 Schneider 等人为代表的国外规划学者通常将承载力定义为“自然或者人工的系统吸收人口的增长而不带来明显的退化或破坏的能力”[1]。Bishop 在 1974 年出版的《环境管理中的承载力》一书中曾有如下表述:“环境承载力是表明在维持一个可接受的生活水平前提下,一个区域所能永久地承载人类活动的强烈程度”。20 世纪 80 年代初,联合国教科文组织提出了资源承载力的概念并被广泛接纳,其定义为:“一个国家或地区的资源承载力是指在可预见的时期内,利用本地资源及其他自然资源和智力、技术等条件,在保护符合其社会文化准则的物质生活水平下所持续供养的人口数量[2]。”

20 世纪 90 年代以后,针对区域的土地承载、水资源承载、生态环境承载、基础设施承载、文化及政策制度承载等一系列的承载力研究陆续展开,承载力的测度和衡量也开始逐渐从单要素制约的承载力指标发展到多要素制约的系统综合承载力。2009 年傅鸿源在其研究中指出,21 世纪以前,大部分承载力研究都以人口容量的最终测算为目标,强调承载对象为人口规模,特别是资源承载力的研究。虽然环境承载力和生态承载力开始将社会经济要素纳入承载体系中,但很少将两者综合起来计算。进入 21 世纪后,更多的学者才开始关注综合承载对象,注重人类的各种经济、社会活动,开始重视经济、社会、生态等对承载力产生的综合性作用[3]。2009 年国内学者张林波等人曾对承载力理论的研究做了较为完整而系统的阐述,将承载力的研究及发展历程分为奠基、探索和深化 3 个阶段,并绘制了承载力发展的进化图,清晰而直观的描述了承载力问题的研究历程,如图 2-1 所示。

2.2 综合承载系统

20 世纪 60 ~ 70 年代,自然资源耗竭和环境恶化等全球性问题的爆发,使人们逐渐意识到生态系统与人类之间的矛盾与依赖关系。在此背景下,资源环境与人类之间关系研究也突破了先前的环境容纳能力的概念,催生了新的承载力内涵的产生,其不仅研究 承载系统中的某一子系统或某一部分,而是整个系统的所有子系统和组分。这一时期承载力内涵更多地考虑环境状态的变化和人类的各种决策对生态环境的影响,以及价值判断标准和体制背景等的影响(程国栋,2002 年),

---

[1] Schneider D M, Godsehalk D R, Axle N. The caryring cpacaity concept as a planning tool[R]. Chicago : Americna Planning Association ,1978.

[2] 韩俊丽,段文阁. 城市水资源承载力基本理论研究[J]. 中国水利,2004,(7):12-13.

[3] 傅鸿源, 胡焱. 城市综合承载力研究综述[J]. 城市问题,2009,166(5),27-31.

1972年,Meadows等人所著的《增长的极限》便是其中的杰出代表,其不仅深刻阐明了环境的重要性以及资源与人口之间的基本联系,还为孕育可持续发展的思想萌芽提供了土壤;20世纪70年代后期和80年代初期,联合国粮农组织和教科文组织先后组织了承载力研究,提出了一系列承载力定义和量化方法(阮本清等,2001年;李广,2002年;姜文超2004年);1995年,Arrow等发表"经济增长、承载力和环境"一文,引起了人们对环境承载力相关问题的高度关注。这一阶段,承载力概念在人口(Bernard et al.,1981年;王学军,1992年)、区域、城市(Meier,1978年;余丹林等,2003年,谈家青等,2007年)、自然资源、生态系统管理(张传国等,2002年;张保成等,2006年)及环境规划和管理(刘殿生,1995年;Barrett et al.,2000年;黄浩,2006年)等领域都得到了广泛的应用和研究,同时也催生了如土地资源承载力、水资源承载力、环境承载力、生态承载力,以至生物物理承载力、文化承载力和社会承载力(Social carrying capacity)等概念(Hardin G,1986年;Daily et al.,1996年)的定义和量化模型。当前一般认为,综合承载力是指在确保资源合理开发利用和生态环境良性循环的条件下,某区域一定时期内资源和环境能够承载的人口数量及相应的经济社会活动总量的能力和容量。

从概念沿革角度讲,城市的承载力研究是承载力概念与城市规划研究领域的有机结合,这一研究最初是从城市的基本规模、城市的容量(尤其是对人口的容纳程度)开始的,20世纪中后期开始兴起的针对城市容量、城市规模等进行的城市无序扩散治理和规划政策研究过程中,对城市承载系统的关注使得人们开始认识到资源、生态等供给资源对地区发展的约束性和控制作用,城市综合承载力的研究也随之展开,在初期,城市承载力的相关研究仍然集中在城市的土地、水资源等方面,2000年薛小杰、惠泱河、黄强、蒋晓辉等提出,城市的水资源承载力是指某一城市(含郊区)的水资源在某一具体历史发展阶段中,以可预见的技术、经济和社会发展水平为依据,以可持续发展为原则,以维护生态环境良性循环发展为条件,经过合理优化配置,对该城市社会经济发展的最大支撑能力❶。2007年蓝丁丁等认为,城市的土地资源承载力是指在一定时期、一定空间区域、一定的社会、经济、生态环境条件下,城市土地资源所能承载的人类各种活动的规模和强度的阈值❷。2005年1月,原国家建设部提出,要着力提升城市的综合承载能力,以满足城市可持续

❶ 薛小杰,惠泱河,黄强,蒋晓辉.城市水资源承载力及其实证研究[J].西北农业大学学报,2000,(12):135-145.

❷ 蓝丁丁,韦素琼,陈志强.城市土地资源承载力初步研究—以福州市为例[J].沈阳师范大学学报,2007,(4):252-255.

发展的需要,此后,城市综合承载能力的相关研究在国内迅速展开。2007 年叶裕民认为,城市的综合承载力是指城市的资源禀赋、生态环境、基础设施和公共服务对城市人口及经济社会活动的承载能力❶。2006 年罗亚蒙则指出,城市的综合承载力可分为两种,即战略意义上的承载力和技术层面上的承载力,城市的综合承载能力首先要解决战略层面上的承载能力,即城市的地理基础所反映的承载能力,这是承载力的最基础的条件,它决定了城市的规模、城市发展的动力和城市功能❷。其他诸多研究结论均与以上研究有着相似之处,诸多研究在除了承认"极限"这一观点的存在之外,更加侧重地提出了承载力在实现城市可持续发展和如何体现城市的功能及特征的重要性。

总的来看,自承载力概念从物理学扩展到生态环境科学领域并一直延伸到区域的城市社会经济系统研究以来,虽然在不同的发展阶段,城市的承载能力被赋予了不尽相同且不断丰富的内涵,但一个基本的出发点在于,城市综合承载力一词的出现代表了外部环境对人类自身活动的限制, 并且这种限制框架与目前区域发展过程中面临的越来越多的负面效应是相互吻合的。国外规划专家通常将承载力定义为自然或者人工的系统吸收人口的增长或有形的增长而不带来明显的退化或破坏的能力。综上所述,本书认为李东序在其 2008 年完成的著作中,对城市综合承载力给出了一个较为准确的概念,即城市的综合承载力是在一定的时期、一定空间范围内和一定的社会经济、生态以及科技进步的条件下,城市资源在自身功能完全发挥时所能持续承载的城市人口各种活动规模和强度的阈值❸。城市的综合承载能力应该包括资源承载力、环境承载力、生态系统承载力、基础设施承载力、安全承载力以及公众服务承载力这六个方面,同时需要认识到,这些承载力子系统之间并不是简单的叠加和合作,而是有机的结合并深入的相互影响,形成了自组织行为与外部影响相协调的复杂性承载系统。

2.3　交通承载力的相关研究

从现有的承载力研究体系来看,在城市综合承载力一词出现后,交通承载力作为城市综合承载力的基本承载功能之一,被纳入到了其体系当中,但从现有研究来看,精确的"交通承载力"相关研究甚少,同时交通环境承载力的研究则有部分成

❶ 叶裕民. 解读城市综合承载力[J]. 前线,2007,4:26-28.

❷ 牛建宏."城市综合承载力"意指何方?[N]. 北京:中国建设报,2006,02-09.

❸ 李东序. 城市综合承载力理论与实证研究[D]. 武汉:武汉理工大学. 2008.

果出现。对国内研究文献的梳理可以看到,早在1997年,卫振林等曾指出,特定的交通环境所能负担的交通总量是有限的,交通系统的发展需要利用生态环境资源,并向环境排放一定数量的污染物,环境对交通系统的负载能力一般称之为交通环境承载力❶。在此以后,交通环境承载力的相关研究大多在此概念的基础上进行了实证研究或者一定程度上的补充和完善,2008年侯德劭等以城市噪声环境容量为约束条件,使用一个双层模型计算了城市区域路网的最大交通承载力❷;2006年孙艳军等人根据广州市统计资料,分析了广州市交通环境承载力的变化态势,应用主成分分析方法定量分析了交通环境承载力变化的宏观驱动因子❸;2004年刘志硕❹、2003年李晓燕❺、2006年杨日辉❻等人分别以交通环境承载力为基本研究对象,对城市交通量的预测、城市交通基础设施规划、城市交通容量、机动车总量确定等问题开展了系列研究。

同时需注意到,交通环境承载力概念的提出,实际上是将交通系统置身于生态系统外部,其概念更多关注的是生态环境系统对交通系统的行为及作用(污染物、噪声等)的承受能力,因此,严格来讲,其应归属于自然或生态承载力的范畴内,而本书所认为的交通承载力本身则更关注交通基础设施以及相关的交通运输资源对交通运输需求的承载能力,两者在研究对象上是有所区别的。以此观点为基础的研究也有部分研究进展,但成果颇少。2004年李振福的研究中,运用系统工程中的PS多目标决策方法,设计了一套指标体系,对交通人口合理承载量进行了理论界定❼;2008年詹歆晔、郁亚娟、郭怀成等人提出了“机动车在驶量”的概念,据此构建了由路网资源、燃油供给和大气环境3个模块组成的交通承载力宏观定量模型,并选择北京市作为实例进行了验证❽;2007年裴玉龙、景瑞、王要武从规划改良的研究角度入手,提出了对哈尔滨城市交通支路和巷道网及断头路改造,以提升整体

---

❶ 卫振林,申金升,徐一飞.交通环境容量与交通环境承载力的探讨[J].经济地理,1997,(17)1:97-99.

❷ 侯德劭,晏克非,成峰.城市交通噪声环境承载力分析模型及算法[J].计算机工程与应用,2008,44(18):215-220.

❸ 孙艳军,陈新庚,包芸,等.广州市交通环境承载力变化的相关性分析[J].环境科学与技术.2006,29(8):45-48.

❹ 刘志硕,申金升,张智文.基于交通环境承载力的城市交通容量的确定方法及应用[J].中国公路学报,2004,17(1):70-78.

❺ 李晓燕.基于交通环境承载力的城市生态交通规划的理论研究[D].西安:长安大学,2003.

❻ 杨日辉,王首绪.基于交通环境承载力的公路网交通量预测[J].公路,2006,(4):182-185.

❼ 李振福,城市交通系统的人口承载力研究[J].北京交通大学学报(社会科学版),2004,(3)4:76-80.

❽ 詹歆晔,郁亚娟,郭怀成,等.特大城市交通承载力定量模型的建立与应用[J].环境科学学报,2008,28(9):1923-1931.

路网交通承载力的建议[1];2010 年张逊的研究中,通过建立城市的交通承载力模型,分析了成都市交通承载力的现状,并指出了城市交通对城市人居环境的不同影响[2]。以上研究可认为是针对交通系统或者结合部分外部指标而建立的用于测度其承载能力的研究成果,其最终目的是为了反映交通基础设施可以容纳或满足的交通运输需求的大小,即真正的"交通承载能力"。

在交通承载力的相关研究进展当中,一个较为值得关注的现象是,现有研究并未关注到交通承载力这一基础设施承载力的空间性特征,即只从数量、规模角度对其进行了描述及测算,对其空间特征以及其对城市形态变化带来的影响并未涉及,但必须认识到,这恰恰也是交通承载力与城市扩张形态相互作用的重要环节所在,目前国内研究中在此方面的研究甚少,可以查询到的一个具有代表性的研究成果是 2008 年郑猛、张晓东所做的研究工作,他们在土地利用与交通双向互动理论的基础上,建立了静态对比测算和动态模型测试相结合的交通承载力分析方法,为了实现土地利用与交通的协调发展,对评价土地开发强度与交通承载力关系的定量分析方法进行了研究,并以《北京中心城区控制性详细规划》为例,在静态对比测算中,将北京市中心城区各街区居住用地、产业用地发开强度与交通承载力进行了对比分析,最后在动态模型测试中,对 3 种方案道路流量、交通负荷进行了对比,在空间分布上定位不协调区域及不协调程度[3]。

2.4 交通承载力与交通承载系统

自承载力的概念从基础研究学科延伸到社会经济系统以来,各社会经济承载力子系统的概念始自于某种资源(不仅包括不可再生资源)对社会活动承担能力的认识,也就是说,随着社会经济的发展,人们开始逐渐意识到支持人类生存和生活发展的物质基础都处于一个"阈值"的范围内,一旦超出阈值,则负面作用开始显现。以城市交通系统为例,尽管某一地区的交通基础设施以及相关配套资源具有人工可操控和可改变性,即可以通过人为地增加道路容量、扩大路网规模等手段来提高系统的服务能力,但交通拥堵等城市交通问题的直观解释则是城市交通运输需求所产生的交通行为已经超出了城市交通系统的承载能力,随之产生的城市

---

[1] 裴玉龙,景瑞,王要武. 提高哈尔滨市城市交通承载力的建议[J]. 决策咨询通讯,2007,(5):61-65.

[2] 张逊. 成都交通承载力对人居环境的影响[J]. 山西建筑,2010,36(7):21-22.

[3] 郑猛,张晓东,依据交通承载力确定土地适宜开发强度——以北京中心城区控制性详细规划为例[J],城市交通,2008,6(5):15-18.

形象、城市功能、城市环境受到直接和间接损害等系列问题则表明了这种超出承载力的后果是负面的、不可持续的。

同时,从时序上来看,承载力概念的出现、演化以及发展过程是人类对自然以及社会环境的改造过程中所出现的必然结果,在不同的社会经济发展阶段,承载力概念、理论以及相应内涵的侧重点也是不同的。社会经济子系统的承载力研究最早出现在了土地对人口的承载能力研究方面,之后,随着科学技术的进步以及人类生活模式的不断转变,土地的开发和使用强度不断增加,承载力的研究又转向了水资源、大气环境、生态环境等方面。从交通承载力的研究脉络来看,本书前面所综述的交通承载力的研究也基本遵循了这一过程,即对交通承载力问题的关心始自于"城市的生态环境能够容纳的交通行为所产生的污染排放是多少?",然而在交通工具污染排放改良等交通技术的进步以及交通需求不断增加的背景下,交通承载力问题的研究则开始主要关注在可利用的资源和环境限制条件下,"城市交通系统所能够提供支持的最大交通行为活动的总量是多少?",这种总量通常可以理解为交通运输工具的数量或者交通运输的能力。然而,随着地区社会经济的不断发展,城市化地区等新的地理空间单元使得此类地区内的人类生活环境出现了新的变化,即城市在空间形态上开始不断的向扁平化、外延化发展,城市已经不再是传统的具有固定形态和特定边界的"城",相应的交通出行特征和运输需求特点也发生了转变,因此,此时交通承载力关心的重点则是"在一个特定的地区范围内,在特定的地理自然资源环境以及基础设施规模的限制下,交通运输系统能够能满足并支撑的交通需求是多少?"。

以上问题的延伸可以认为是本书对交通承载力的基本认识,然而,从交通运输系统的运行实际特点来讲,交通系统对交通需求的满足程度是由整个系统的运行能力和限制条件所确定的。一般的研究认为,交通系统作为保障城市功能运转和提供空间活动支持的社会经济发展系统的一个基本组成部分,不仅仅包括了传统意义上的"硬件"基础设施,其含义和指向往往超出了传统的基础设施含义("硬件"+"设备")的范畴,而是包括了能够使整个系统正常运转的所有因素。

综上所述,本书认为,对城市化地区这一地理空间单元来讲,交通承载力是在特定的时间和空间范围内,在既定的社会经济发展水平、技术条件约束和自然生态环境限制下,交通系统在发挥其功能,即能够持续满足地区内的交通运输需求以及城市功能实现的需要时所能承载的交通行为活动规模和强度的阈值。相应的,交通承载系统的概念则可表述为,在用于实现上述交通承载能力时,由地区内的交通基础设施、技术体系以及相应的运行保障体系等所有交通行为支撑要素所构成的功能性系统。

2.5 本章小结

本章内容对承载力及承载系统的概念和内涵进行了系统的梳理和解读,并在此基础上提出了交通承载力以及交通承载系统的基本概念界定,可以认为,资源环境与人类之间关系研究突破了先前的环境容纳能力的概念之后,催生了新的承载力内涵的产生,这一概念又在含义扩展和具体化的过程中演化出了承载力系统以及综合承载系统的概念,因此,在讨论其与城市空间形态的关系及其作用问题时,需要厘清承载系统内不同要素所产生的作用机理与效用表达,才能对其进行准确的刻画与表述。

第3章　城市化地区空间扩张的机理及特征研究

城市化地区空间形态的问题研究涉及了社会生活的各个方面，同时，从研究角度来讲，不同时期对城市空间合理形态的理解各异，即关注的重点也不尽相同，这一点从前文对城市形态扩张研究的述评中即可看出。然而，虽然空间形态问题的理解体系较为庞大，但其具有一个固定的基本认识和本质特征是不变的，即“在发展的过程中，城市化地区在空间形态上是不断扩大的”，这一表现的直接作用对象是土地，作用的过程则可以概括为城市的直观空间形态演变的过程。因此，本章将通过对城市空间扩张机理和模式的分析，来进一步地解释和分析城市化地区的形态扩张问题，对城市化地区的空间形态演变的基本特征进行总结，并据此提出城市空间形态变化定量化表达的基本方法。

3.1　概念辨析

3.1.1　城市形态与城市空间形态

“形态”一词来源于希腊语的形态(morphe)和逻辑(logos)，意思是指形态构成的逻辑，“形态学(morphology)”一词始自于生物学的研究方法，是生物学中关于生物体结构特征的一门分支学科，主要用来研究动物以及微生物的尺寸、结构、形状以及各组成部分之间的关系❶。

从表象来看，城市空间形态是一个城市、或者城市化地区所具有特征的最直观反映，其所反映出来的一系列属性也是其区别于乡村等其他地理空间的重要标识，长久以来，人们对于城市的形态问题认识可以划分为城市的社会形态以及城市的空间形态两种，正如2006年周玉明所言，“人们对纷繁复杂的城市问题的认识是从其空间与物质的组织结构形态开始的，如基础设施的分布结构、土地的利用结构、交通系统的布局结构、空间形态结构等，这些结构形态或简单、或复杂、或松散、或

❶　周春山．城市空间结构与形态[M]．北京科学出版，2007.

严密,都反映出每个城市机能平衡、秩序与效率的状态,这即是城市的显性结构”……但单从城市的外部形象、空间布局等显性结构方面是很难把握住城市形态的总体。城市还具有相对隐性的结构内容,如城市的社会结构、经济结构等,这就是城市的隐性结构”❶。

城市的社会形态(隐形结构)与空间形态(显性结构)往往交织在一起,仅从外表上看,很难看出城市中所蕴含的社会意识形态对于空间表象的影响作用,只有身在其中时,才会感知到隐形结构的存在。因此,对城市形态的认知往往是从城市的空间形态开始的。从地理学的角度来讲,城市的空间形态是在特定的社会经济发展阶段和地理环境的双重约束下,人类进行的各种活动和自然环境因素相互作用的结果,其自身的发展变化存在着一定的必然规律。2000 年顾朝林曾指出,城市形态作为聚集地理学中的一个重要概念,包括了空间形式、人类活动和空间的组织、城市景观的描述和类型学分类系统等多方面的内涵❷。从城市形态的认识研究历程来看,“在分形理论产生之前,城市形态过去常被地理学家视为一种无序对象,很少有人想到探讨其中隐含的自然法则。分形理论产生以后,许多貌似破碎无规则的自然和人文现象逐渐引人注目,学者们从表面上没有规则的大量事物中找到了深刻的自然规律。在这种学术背景下,城市形态的开始走向城市地理科学的前沿”❸。

从影响城市形态的各种因素来看,导致城市形态变化因素是多方面的,城市形态可以被看做是一种包括城市各种活动(政治、社会、经济和规划过程)多重作用下的物质环境演变过程。然而,在这其中,地理环境以及基础设施的空间布局是影响和制约城市形态形成和演变的主要因素之一,城市形态的特征背后透露出来的社会经济发展特征使得其与城市的各项生产及生活子系统紧密相连,一个比较具有代表性的研究结论可以反映这一特点,2002 年 Carey curits 曾指出,城市形态是由城市的经济结构和交通网络所组成的,Weserman 则指出城市结构是由占支配地位的土地使用以及为其提供服务的交通网络的部分和关系决定的,这样的定义充分体现了城市空间形态与其相应的基础设施及承载系统之间的关系,以及其在城市形态塑造过程中的重要性❹。

基于以上的认识,本书对于城市形态的定义倾向于 2006 年周玉明的研究成

---

❶ 周玉明.城市形态的认知[J].苏州大学学报,2006,26(5):28-29.

❷ 顾朝林, 甄峰, 张京祥.集聚与扩散:城市空间结构新论[M].南京:东南大学出版社,2000.

❸ 陈群元,尹长林,陈光辉.长沙城市形态与用地类型的时空演化特征[J],地理科学,2007,(27)2:273-279.

❹ Carey curits.地方城市的活动走廊:一种真正整合土地使用和交通规划的有效方法[J],王金秋,译.国外城市规划,2002,(6):43-48.

果,并做一定的补充,即"城市形态是城市所在地区的社会、经济以及文化等各方面的综合表征,是城市所处的空间、环境及建筑与人类所共同形成的整体构成关系,反映了一个城市的空间表现形式和类型特点,并反映了生活在其中的人们的意识形态,价值取向以及城市发展的实质"。相应的,对于城市空间形态的认识,本书采用如下的定义:"城市空间形态是城市的空间构成和变化规律的显性特征,其是城市形态和城市空间发展机制的物化体现"。

3.1.2 空间扩张与空间增长

长期以来,在城市形态以及城市的空间结构相关研究中,"空间扩张"、"空间增长"与"空间扩展"等词汇并没有被严格的定义和区分,主要原因是因为此类研究往往都集中在了城市在空间形态上不断"扩大"的研究背景下,人们往往认为空间上的扩张即是一种空间形态上的扩展,也是城市空间增长的一种表现形式。对于此,2007 年马强在其《走向精明增长:从"小汽车城市"到"公共交通城市"》一书中曾有过较为精辟的论述和辨析,他认为,城市的空间扩展是一种比较具体的、形象化的空间变化过程描述,并且非常明确地表明了一种物质实体空间外延式的扩张变化,而相比之下,城市的空间增长则包含了更为丰富的内涵,即城市的空间增长应该被看做是城市具体的形态变化以及抽象的结构变化两个方面的共同变化❶。从两个概念的内涵来看,一方面,城市的空间扩张应该算是一种形态意义上的空间增长,空间的增长既包括了城市空间的外延式扩张,又包括了城市既有空间部分的自身调整和变化;另一方面,城市的空间增长反映了城市的物质构成要素在相互作用过程和演变机理中的变化,而且这种变化和调整往往是具有正面的、积极的作用效果在其中。与增长相比,本书认为,城市的空间扩张与城市的空间扩展类似,具有一定的中性含义,即城市空间的扩张是指一种不具有感情色彩和倾向性含义的客观表述,而空间扩张是城市空间增长的一种表现形式,即扩张可以是一种增长,而增长不仅仅包括了扩张,同时,一般来说,城市的空间增长往往是指一种合理性的变化(也可能包括不合理因素)。

需要指出的是,在这样的概念界定下,城市的负面性扩张,尤其是传统意义上所广泛研究的"有害性"扩张,通常称之为"蔓延",是一种城市空间扩张的表现形式,但是却不能被认为是一种有意义的"城市增长"。因此,对于城市化地区空间形态变化的认识以及空间结构调整的目标和宗旨也蕴含其中,即我们追求的城市空间增长,应该是一种合理的扩张形式,所有的工作应该是一种改良性的,具有正外部效应的,即

❶ 马强. 走向精明增长:从"小汽车城市"到"公共交通城市"[M]. 北京:中国建筑工业出版社,2007.

实现“合理化的空间扩张”,而不是仅仅追求或者放任城市的无序蔓延。

3.2 城市化地区空间扩张的机理分析

3.2.1 已有研究对于空间扩张成因的解释

在城市化地区空间扩张的机理和演化动力机制方面,20世纪60年代开始的空间扩张问题研究中,对于扩张尤其是具有危害性的蔓延式扩张的解释多属于经验性描述,其原因主要可以归结为政府行为、交通设施诱导、土地市场失控、自由主义思想导向等。如1965年Harvey认为,造成城市蔓延扩张的主要原因是垄断竞争者的独立决策、土地持有者的投机行为、自然地形状况、政府规制、交通设施建设、政府公共政策以及土地开发税的征收等❶。高速公路等交通基础设施的修建也被认为是导致无序扩张出现的主要原因之一,《郊区国家——美国梦的兴起与衰落》一书中曾直言,美国汽车生产商在经济利益驱动下,采用收购铁路公司,拆除铁路,唆使联邦政府修建高速公路等举措来达到其目的,这一切直接导致了小汽车交通的过度使用,进而促使了蔓延式扩张的发生❷。

20世纪60年代以后,对城市无序扩张的经济学解释(新古典经济学、制度经济学和政治经济学)开始成为主流,市场经济下自发的市场力、市场失灵以及政府的政策被认为是导致城市蔓延的主要机制之一❸。1983年Brueckner认为,城市的扩张问题与居民的经济收入、规模以及农业土地的租金价格有关,人们由于没能计算出开敞空间的经济成本、拥塞(Congestion)的社会成本以及新开发社区基础设施的成本,而做出错误的住房区位选择决策,最终导致了城市形态的扩张❹。以法国规制学派(Regulation School)为基础的解释则在20世纪70年代较为流行❺,1978年、2001年Fischel的研究认为,市场力量和市场失灵都会引发城市蔓延,城市蔓延

❶ Robert O. Harvey, W. A. V. Clark. The nature and economics of urban sprawl[J]. Land Economics, 1965,41(1):1-9.

❷ Duany. A, Plater Zyberk. E, Speck. 郊区国家—美国梦的兴起与衰落[M]. 苏薇,等,译. 武汉:华中科技大学出版社,2008.

❸ 陈洋,李立勋,许学强. 1960年代以来西方城市蔓延研究进展[J]. 世界地理研究,2007,16(3):29-35.

❹ K. Brueckner, David A. Fansler. The economics of urban sprawl: theory and evidence on the spatial sizes of cities[J]. Review of Economics and Statistics, 1983,65(3):479-482.

❺ George J. Stigler. The theory of economic regulation[J]. The Bell Journal of Economics and Management Science, 1971, 2(1):3-21.

的出现是城市住房所有者在追求自身利益的过程中与市镇政府和其他利益集团在城市土地利用政策制定方面进行讨价还价的结果❶❷。此外,1999 年 Pendan 等学者从政治经济学的视角出发,认为土地利用政策中,较高的公共基础设施需求会促进城市发展,但不一定导致用地明显扩张,反而会起到相应的抑制作用,而低密度的分区管制政策和郊区住宅开发则能够促进城市形态的蔓延式发展❸。

国内的相关研究中,与先前相比,2005 年以来的近期研究成果已经初具系统性和完整性,2008 年王春杨通过比较综合的方法,对我国的城市扩张和西方城市蔓延的特征进行了比较,分析了两者之间的相似性和差异性,并揭示了我国城市形态扩张的内部机理❹。2009 年黄晓军等人以长春市为研究对象,认为城市经济的快速发展、郊区房地产开发以及城市规划的宏观导向、人口不断增长与居住空间扩散、开发区的大规模建设、机动化水平的提高与交通设施建设等因素,都在不同程度上导致了的无序扩张的发生❺。2007 年陈鹏的研究观点则有别于大多数研究,他把中国的城市扩张归结于"土地导向",即政府主导的土地开发等土地使用行为的不断扩张,而并非国外的"交通导向"❻。

与经济学、规划学、管理学等相关视角的城市空间扩张机理解释相比,关于空间扩张形态的社会学解释似乎更能抓住问题的关键所在。2004 年 Bengston 给出了这样的观点:"尽管大多数的美国人对蔓延式的扩张现象深恶痛绝,并且表示了明确的反对,但拥有建在大块土地上的单户住宅仍然是很多美国人的梦想"❼。美国一直以来所推崇的"崇尚自由,追求梦想"的文化价值取向也被认为是导致蔓延现象出现的重要原因之一,这当中包括了人们对美好生活环境的向往,以及对独立式住宅的偏爱等。2008 年何舒文在《分散主义——城市蔓延的原罪》一文中对国外分散主义和集中主义作为指引思想所衍变出来的一系列关于城市形态界定和规划方法的描述进行了细致的回顾和梳理,阐述了 Michael Blake、Howard、Le corbusi-

❶ William A. Fischel. A property rights approach to municipal zoning[J]. Land Economics,1978. 54(1):64-81.

❷ William A. Fischel. The home voter hypothesis:how home values influence local government taxation,school finance,and land-use polities[M]. Cambridge: Harvard University Press, 2001.

❸ 冯科. 城市用地蔓延的定量表达、机理分析及其调控策略研究[D]. 杭州:浙江大学,2010.

❹ 王春杨. 我国城市蔓延问题的经济学分析和对策[D]. 重庆:重庆大学. 2008.

❺ 黄晓军,李诚固,黄馨. 长春城市蔓延机理与调控路径研究[J]. 地理科学进展,2009,28(1):76-84.

❻ 陈鹏. 基于土地制度视角的我国城市蔓延的形成与控制研究[J]. 规划师,2007,23(3):76-78.

❼ Bengston D N,Youn Y C. Urban containment policies and the protection of natural areas:the case of seoul greenbelt[J]. Eeology and Society,2006,11(1):3-11.

er、Nairn、Jane Jacobs[1]等人的观点，通过对分散主义的思想根源、人类社会活动的价值倾向性、城市功能的变更以及建筑学和美学的分析，他指出，"蔓延与郊区化一样，并不仅代表了负面的杂乱、不可预知和浪费，它同样是人类追求美好生活过程中与环境所产生的对立关系的表现形式，蔓延背后所透露出来的分散主义思想是特定时期、特殊环境下城市合理扩张和发展的一种合理的，具有可理解性的指引方向"[2]。

3.2.2 空间扩张的驱动力——城市规划史的视角

从城市演变的历史进程来看，对城市形态的认识、理解和实践已经延续了几千年，即从城市出现的第一天起，人们就开始普遍关心这一问题，但不同时期的学者(尤其是规划学者)和社会公众有着不同的动机和意图，同时可以认为，对这一问题的理解实质上具有一个相同的思考基点，即"什么样的城市形态才是可持续的?"、"什么样的形态是合理以及对人类发展有益的?"，这背后透露出来的实际上是人们对城市亦或乡村生活质量，以及生活空间美观性的思考，正如John Friedman在《美好城市：为乌托邦式的思考辩护》中指出的，"在城市和区域规划领域，延绵200余年乌托邦式的思考是人类的宝贵财富，乌托邦式的思考能够帮助我们选择一条通向我们相信正确的未来道路，因为它的具体意象来自于那些我们高度珍视的价值观[3]"。城市规划史视角的历史审视有助于我们理解为何在后来的城市发展过程中出现了诸多对城市空间形态理解各异的声音和见解。

1988年Hall曾指出，"20世纪的城市规划史反映了人们对于19世纪以及以前的城市发展所带来的环境变化表示了不满[4]"。霍华德、格迪斯、莱特、柯布西耶等人以及芒福德、奥斯本等后来的追随者所提出的一系列规划思想则体现了城市发展价值观取向的变化过程，"城市绿带"、"花园城市"、"广亩城市"、"紧缩城市"、"线性城市"、"卫星城市"、"同心圆理论"、"扇形城市理论"(表3-1)等城市规划史中举世瞩目的成果正是这些思想的直观体现，本书在此并不对以上诸多城市规划思想的具体内容进行详细罗列，但有必要对其进行简单的说明，以作为对基本城市空间形态理论的梳理和总结，本部分内容的总结主要参考了雒占福(2009年)的研究成果。

---

[1] Jane Jacobs. The Death and Life of Great American Cities[M]. New York：Random House，1961.

[2] 何舒文. 分散主义：城市蔓延的原罪？—论分散主义思想史[J]. 规划师，2008，24(11)：97-100.

[3] John Friedman. 美好城市：为乌托邦式的思考辩护[J]. 王红扬，钱慧，译. 国外城市规划，2005，(5)：21-27.

[4] Hall P. The World Cities[M]. London：Weidenfeld and Nieoson，1988.

典型的城市空间形态规划方案及主旨思想❶ 表 3-1

城市形态	提出人物	主旨思想概述
带状城市	索里亚玛塔(Auturo Soriay Mata)	1882年提出,也可称之为线形城市(Linear city)理论,按照玛塔的思想,传统的从核心向外扩张的城市形态已经过时,它们只会导致城市拥挤和恶化,在新的运输方式影响下,城市将依赖交通运输线组成城市的空间网络。线形城市的基本理念就是沿着交通运输线路布置的一个长条形的建筑带,“未来,城市只有一条宽500m的街区,要多长就有多长”,城市不再是分散的点,而是由一条铁路和道路干道相串联的、连绵不断的的城市带,并且这个城市可以贯穿整个地球,这个城市中的居民既可以享受城市型的设施又不脱离自然
田园城市	霍华德(Ebenezer Howard)	1898年提出,其研究认为城市环境的恶化是由城市的空间膨胀引起的,城市无限扩张和土地投机是引起城市灾难的根源。他认为城市人口过于集中是由于城市具有吸引人口聚集的“磁性”,如果能有意识地移植城市的“磁性”,城市便不会盲目膨胀。他认为“城市—乡村”结合的形式兼有城、乡的有利条件而去两者的不利条件,即田园城市。田园城市是为健康、生活以及产业而设计的城市,它的规模足以提供丰富的社会生活,但不应超过这一程度;四周要有永久性农业地带围绕,城市的土地归公众所有,由专门机构管理
卫星城理论	恩温(Unwin)	1922年提出,主张在大城市的外围建立卫星城市,以疏散人口控制大城市规模的理论模式。随之,卫星城理论被广泛地应用于实践:1912—1920年,巴黎制定郊区居住建筑规划,计划在离巴黎16km的范围内建立28座居住城市,这些城市除了居住建筑外,没有生活服务设施,居民的生产工作及文化生活上的需要去巴黎解决,一般称这种城镇为“卧城”。1918年,芬兰建筑师沙里宁与荣格在赫尔辛基新区明克尼米-哈格提出一个17万人的扩张方案,在沙里宁的赫尔辛基规划方案中,主张城市附近设立一些班独立城镇,以控制其进一步扩张。这类卫星城不同于“卧城”,除了居住建筑外,还设有一定数量工厂、企业和服务设施,使一部分居民就地工作,另一部分居民仍去母城工作,称半独立卫星城。1928年编制的大伦敦规划方案中,采用在外围建立卫星城镇的方式,并且提出大城市人口疏散应该从大城市地区的工业及人口分布的规划着手。这样,建立卫星城的思想开始和地区的区域规划联系在一起,这种独立的卫星城又城新城

❶ 雒占福. 基于精明增长的城市空间扩展研究—以兰州市为例[D]. 兰州:西北师范大学. 2009.

续上表

城市形态	提出人物	主旨思想概述
同心圆理论	伯吉斯(Burgess)	1925年提出,同心圆理论(Concentric zone theory)是最早提出的有关城市空间结构理论,他通过研究美国当时很多城市并在对芝加哥市进行长期调查基础上,提出城市的空间扩张过程会形成呈同心圆的带状形态,不同的城市经济活动位于不同的圈层带上,从而由城市中心向外缘依次形成5个不同职能的圈层:①中心商务区:中心商务区是城市的核心,是城市商业、社会活动、文化生活和公共交通的中心;②过渡地带:是围绕中心商务区的由住宅、小工厂、商店、仓库等组成的混合地带,是中心商务区的外围地区;③工人居住带:这个地带主要是由产业工人(蓝领工人)和低收入的白领工人居住的集合式楼房、单户住宅或较便宜的公寓组成;④良好居住带:这里主要居住的是中产阶级,他们通常是小商业主、专业人员、管理人员和政府工作人员等,有独门独院的住宅和高级公寓和旅馆等;⑤通勤带:本区主要是一些富裕的、高质量的居住区,上层社会和中上层社会的郊外住宅坐落在这里,多为一家一户的别墅式或庭院式住房,还有一些小型的卫星城,居住在这里的人大多在中心商务区中心,上下班往返于两地之间
扇形理论	霍伊特(H · Hoyt)	1939年提出,城市空间扩张的扇形结构学说最早出现在"美国城市结构以及居住社区发展"报告中,其进一步发展了伯吉斯的同心圆学说。研究认为美国城市居住区有向外延伸扩张的趋势,如高级住宅区往往向主要交通线、良好自然环境地区扩张,低级住宅区也向外扩张,其结果形成了不同等级居住区的扇形分布。该理论是通过众多城市的比较而抽象出来的,较之同心圆模式有更大的现实性。在交通、工业等因素对城市空间形态的影响下,各类城市用地趋向于沿着主要交通和自然"门槛"最低的方向扩张,且由市中心向市郊的空间里有着明显的居住区阶层分异:高收入住宅区受景观和其会或物质条件吸引,沿城市交通主干道或河岸滨、公园、高地向外扩张,中等收入的住宅区在高收入住宅区的一侧或两侧发展,低收入的住房被限制在最不利的区域发展
多核心学说	哈里斯(Harris)、乌尔曼(EUllman)	1945年提出,其研究认为:现实的城市里常存在着两个以上的市中心,或者在一个市中心以外还有几处副中心,它们或由于城市是由两个以上起源不同的城市合并而成,或由于城市本身扩张后后市中心机能转向另外一些市中心(或副市中心)所致。一个城市的发展要依靠多个中心的发展。除中心商区外,商业街、大学、港口、工厂等都可以成为副中心,以这些中心为核心,通过建立各自完整的生活设施和形成各种城市服务系统的扩张,这样一个个相对独立的具有专业化特点的功能区和中心便形成了多中心的空间地域结构。多核心模式揭示了城市空间扩张的地域分化,表现了影响因素的复杂性和多样性,符合现代城市的特点

从城市规划史的回顾来看,可以将与城市形态有关的规划思想分为"集中派(推崇城市应该集中、紧凑)"和分散派(坚持城市应该具有足够的空间,扩散式的空间是必需的)两种,集中派坚持城市应该具有既定的边界,既定的大小和既定的规模,具有一种高强度开发,同时土地功能具有复合化的特点,而与此想法截然相反的是,分散派则坚持城市不应该是一种固定的形态,人类的居住和土地的使用应该在一个开放的、没有限制的空间内进行,表3-2给出了近代城市规划史上的集中派以及分散派的代表人物以及相应的解决方案。

集中派和分散派的代表人物及其建议方案❶ 表3-2

年份	集中论者		分散论者	
	解决方案	代表人物	解决方案	代表人物
1800年			新拉纳克	罗伯特欧文
1850年			萨尔泰 布尔纳威尔 桑来特	泰特斯 凯德波利 威廉
1900年			花园城市运动	霍华德
1935年	拉. 维勒. 拉迪而斯	柯布西耶	广亩城市	赖特
1955年	反击"城乡一体化"	奈恩	新城镇运动	芒福德
1960年	城市多样性	雅各布斯,森尼特		
1970年	城市性	沃夫勒		
1975年	紧缩城市	单奇克 萨迪		
1990年	紧缩城市	国家政府 纽曼 肯沃西	市场解决 优质生活	戈顿,理查德森, 埃文斯,罗伯特森

近年来的城市规划思想演变历程表明,城市分散论的规划者为了支持自己的观点而一再声明,集中并不一定会产生预期的与环保和高效类似的正面效应,城市的分散化进程以及城市周边绿地的开发也由于个性化主义的永久存在而不可避免,同时,城市的紧缩亦或集中并不一定能带来其所承诺的高品质生活,然而,城市集中论阵营中所提出的开阔土地不断减少,持续的分散化会导致城市功能丧失等问题也由于近年来的资源紧张和城市发展的低效率等现实问题而得到了不断的证实和认可。

❶ 詹姆斯等著,周玉鹏等译. 紧缩城市——一种可持续发展的城市形态[M]. 北京:中国建筑工业出版社,2004.

分散派的规划学者认为,城市的迅速分散化是大多数西方国家在第二次世界大战后呈现出来的发展特征之一,这一特征在美国表现得比较早,同时其特征比较明显,与美国类似,加拿大、澳大利亚等国家的分散则是以大规模的郊区化运动出现的。然而,在欧洲国家,分散化既体现在大城市以及小城市的郊区化发展趋势,又体现在了小镇以及村庄按照城市的轨迹来持续发展的诸多方面(这一过程有时被称之为"逆城市化"),至于城市出现分散化的原因,分散派规划学者的观点可以大致被分为两类❶:

(1)从地理和制度上都分散开的生活方式可以提供一种优质的生活品质,同时,这也是一种"回归自然",寻求最本质乡村生活价值观的体现。

(2)对人类居住分散化的干预实际上是"规划者"对市场,尤其是土地市场的一种干预,在自由的市场下,真正的市场化解决方案会促使城市形态形成真正的"优化"。

以上的观点代表了分散主义者的一种认识,即分散是一种可以接受的城市形态扩张形式,虽然从目前的概念体系来看,城市形态出现"松散"时所产生的扩张是一种低效率的郊区化而已,然而集中派的规划学者并不认可这一现象并表示了激烈的反对,不同国家和不同地区的集中派可能会有不同的理论基点,但他们对于蔓延带来危害的认识却基本相同,即蔓延不是一种可持续的发展模式,蔓延式的扩张会引发与全球变暖类似的环境危害,同时,城市形态的不断扩张与可供城市开发利用的土地等资源"有限"的观点是相矛盾的,虽然集中派目前还没办法精确的回答"限度"究竟在哪里。集中派对待蔓延的观点正如1950年Nairn所说,"城市的扩张就像霉菌的繁衍一般",同时指出,城市的不断"城乡一体化(Subtopia)"会使得城市和乡村都失去其本来的面目,其功能也会逐渐的模糊和丧失。城市形态集中派的观点对高密度城市的推崇实际上体现了对城市功能复合化以及城市开发的高密度化的一种支持。集中论的另一个典型的代表思想即直至今天仍被大家所提及的"多中心化城市",根据这一构想,所有新建的密集交通网络和基础设施都应该设在城郊的区域。Jane Jacobs曾在其著作《美国大城市的死与生》中曾指出,城市之所以具有活力和多样性正是在于它的高密度和集聚,因此,她极力反对"蔓延"这种会导致城市失去活力的扩散式发展方式。

作为对城市集中亦或分散争论的总结,1977年Fishman曾经谈到,"城市形态理论的争论最终被认为是以一种没有解决方案的结论而告终,现在人们普遍对大

❶ 迈克尔·布雷赫尼.集中派,分散派和折衷派:为未来城市形态的不同观点[J].紧缩城市本书集,2004.

规模的城市规划持一种反对的意见,而这种思想的根源,可能是对一种构成生活的共同基础,即构成一种具有合理规模的大城市的现实可能性丧失了信心❶”。从城市规划史的视角来看,城市形态的“分散”或者“集中”似乎非此即彼,但“折衷”思想的出现使人们看到了一种寻求问题解决方案的机会,1996 年 Michael Breheny 曾指出,一种新的城市规划思想应该一方面从集中论那里得到如何遏制城市“危害性扩张”的政策和手段,但又不能以降低生活质量为代价,另一方面应该从分散论那里了解如何对城市的扩张加以控制,比如使人们迁移到交通等基础设施都完备同时又不会对周围环境造成破坏的地区去,这一思想也是致力于实现城市空间合理化扩张的“精明增长”策略的精髓所在。

3.3 城市化地区空间扩张的阶段划分

2002 年徐建华曾指出,城市化地区的空间形态是指导城市规划建设的重要依据,空间形态的合理与否,直接影响到了城市化地区内部空间的合理布局以及其发展的整体功能和效应,城市化地区内部空间以及其与周围地区的联系程度、交通网络结构以及城镇群的合理分布,甚至关系到整个地区的生产效率、居民的生活质量以及城市合理的发展方向等一系列的问题。因此,对城市化地区空间形态变化的研究是一项具有重要意义的工作❷。从近代城市空间形态变化的历程来看,城市化进程中的城市空间扩张是伴随着其所承担的各种功能(住宅区、商业区、办公区、工厂区等)的空间分散而进行的,其主要的体现是地区内部的各种行为和活动的空间扩大化,然而,这种活动和行为的放大往往发生在城市化地区的边缘地区,即城市周边以及近郊地区表现的活动强度和烈度均较大(也可称为郊区化现象较为明显)。因此,有必要对这种以城市的范围、结构以及功能布局的调整为代表的城市空间扩张过程进行审视和梳理,以期从直观认识中发现其演变过程的特点、驱动因素以及原因所在,此方面的研究成果诸多,本书认为,在现有的城市规划领域中,以下的三种理论较为具有代表性,即城市要素活动阶段划分、城市增长的四阶段以及城市演变模型。

---

❶ 詹姆斯,等.紧缩城市——一种可持续发展的城市形态[M].周玉鹏,等,译.北京:中国建筑工业出版社,2004.

❷ 徐建华,梅安新,吴健平.20 世纪下半叶上海景观镶嵌结构演变的数量特征与分形结构模型研究[J].生态科学,2002.(2):131-137.

3.3.1 埃里克森的城市要素活动阶段划分理论

1983年,美国的Rodney A. Erickson对美国14个特大城市自1920年以来的人口、产业等在空间上向外扩散的情况进行了分析,将城市的空间形态扩散的过程划分为了三个不同的阶段:①要素外溢——专业化阶段;②要素分散——多样化阶段;③空间填充——多核化阶段,如图3-1所示。

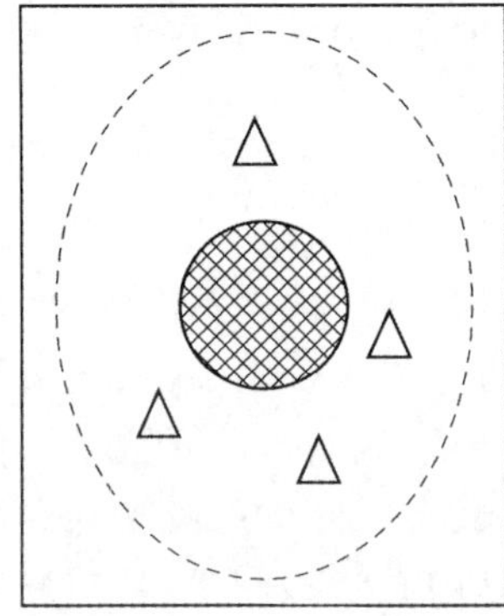

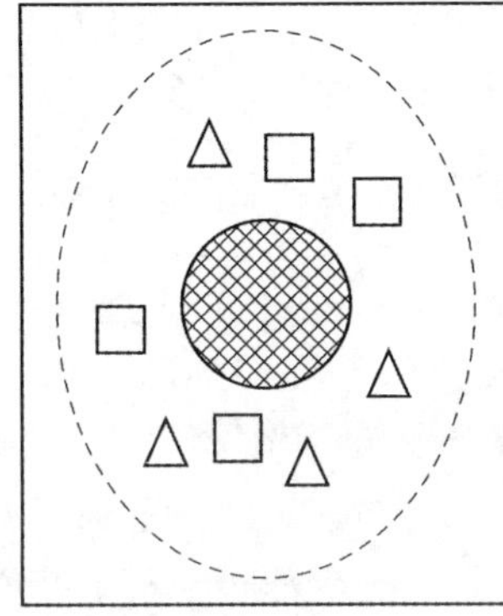

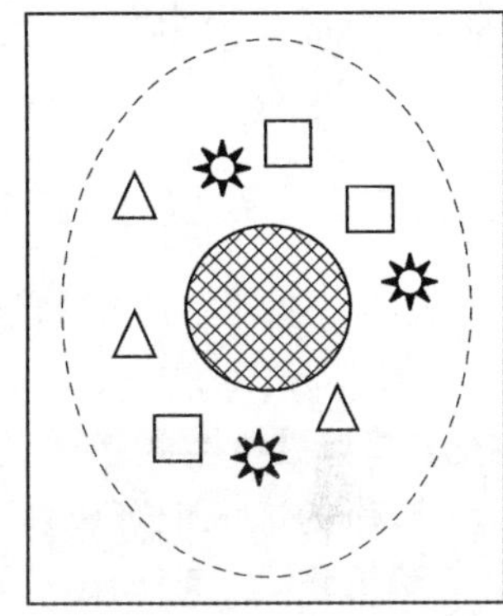

⊗ 城市中心地区 △ 专业化生长点 □ 多样化生长点 ✲ 城市卫星城(次级中心)

图3-1 城市的要素活动阶段示意图

(1)要素外溢——专业化阶段(spiliover-specialization):此阶段主要是城市的各种主体功能向周边地区不断的扩散和溢出,同时形成专业化的分区结构为特征,这阶段被认为大多发生在20世纪40年代以前,这段时期的主要特征是在城市周围的未开发地区形成具有单一功能的工业区或住宅区等,同时具有明显的沿着交通轴向扩散的特点,这些地区的社会活动与中心城区的联系密切,形成较为巨大的“中心—外围”式的轴向要素流动行为。

(2)要素分散——多样化阶段(dispersal-diversification):此阶段大致发生在20世纪40~60年代,由于地区的人口和相关产业的扩散现象不断加剧,城市在空间范围上的扩散更加明显,交通运输系统的进步则加剧了这种扩散,由于私人汽车等机动化交通工具的发展,除了人口和工业的扩散之外,商业以及城市的其他各项服务和基础设施也开始向外延伸,在沿轴向扩散的同时,开始进入圈层扩散阶段,在城市的新空间扩散区内形成住宅、工业、商业等综合开发的趋势,并且数量和规模持续增大,整个地区的独立性增强,相应的与城市中心地区的联系开始减弱。

(3)空间填充——多核化阶段(infilling and multinucleation):此阶段发生在20世纪60年代以后至今,与城市中心的改变相比,城市的各项要素和功能的对外分散化趋势依然明显,但在空间形式上的表现则以现有的扩散空间范围内未开发土地空间的填充为主,即土地使用密度的逐渐提升,城市的空间边缘形状已经基本稳定,但在边缘地区内部的各轴向基础设施之间存在着诸多未能充分开发利用的空间资源,此时由于交通成本的不断增加以及劳动力成本等其他因素的影响,大多数的产业和功能扩散开始注重充分利用已经建成的公共交通系统,在放射线和形成的环线之间进行选址,同时注意到,在这种开发过程当中,一些具有特殊优势区位的地点,如放射线与环形线的交叉点会吸引更多的人口和产业活动,形成新的次级城市中心,使整个城市空间结构出现多中心形态。

3.3.2 弗里德曼的城市增长四阶段理论

加拿大著名城市规划学者 Friedman(弗里德曼)于 1966 年提出了著名的“核心—边缘”模型,提出了核心和边缘是社会地域组织的两种基本要素,并从城市的经济增长与城市空间扩散的关系入手,指出在知识创新、要素流动等不同因素的作用下,城市的边缘地区以及整个城市空间系统得到了发展,有可能会形成新的次级核心,城市将由一种均衡的单中心状态发展到不平衡的多中心状态,并将其划分为了四个阶段,指出任何城市的发展都处于其中的某一阶段,如图 3-2 所示。

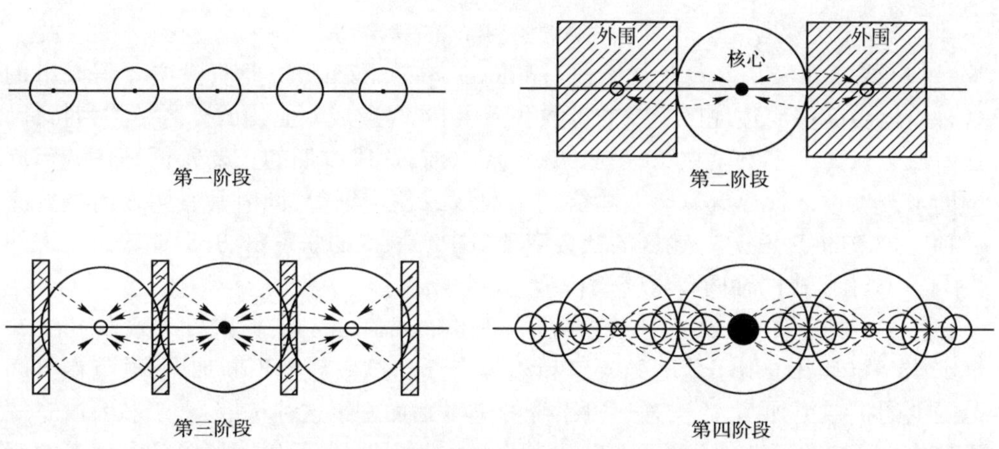

图 3-2 城市增长的四阶段示意图❶

(1)第一阶段为原始城市阶段,此阶段城市空间上不存在等级差别,城市规模较小,因此经济吸引力有限,基本上没有城市中心与外围的划分,因此表现为较为

❶ 雒占福. 基于精明增长的城市空间扩展研究—以兰州市为例[D]. 兰州:西北师范大学. 2009.

独立的单级核心,与外界的物质、信息以及人流的交换非常少,基本处于准静止的平衡状态。

(2)第二阶段为一个孤立的强城市中心与周边大面积的几乎停止发展的边缘地区,但边缘区已经开始启动发展阶段,城市发展的乘数效应使得城市开始不断的扩大,其自身所处的空间范围已不能满足发展的需要,因此其一方面从周边地区吸收资源与要素,另一方面也开始将其功能和能量不断的向周边较近的边缘地区扩散,这一阶段即城市化进程的开始,城市与周边边缘地区的联系开始加强。

(3)第三阶段即单一城市中心与周边边缘地区的次中心形成阶段,由于空间距离使得城市中心地区对边缘地区的辐射作用有限,因此在边缘地区开始形成具有一定自组织能力的次级中心,并且其不完全处于原城市中心的城市化范围内,这些次级中心即城市的新增长极或者卫星城镇,在此阶段,原城市中心与新次级中心之间可能还存在未开发地区,因此处于发展的不均衡阶段。

(4)第四阶段即形成相互依存的城市体系阶段,此阶段在城市的轴向延伸方向上,已经基本完成城市化,并且根据不同的次中心规模与等级形成了较为完整的城镇网络体系,城市中心地区的全部区域已经基本实现了城市化,同时城市中心以及次级中心之间相互衔接,形成了相互影响、数量众多的巨型城市体系。

3.3.3 霍尔的城市演变模型理论

1984年,美国规划学者Peter Hall(霍尔)总结了西方自工业革命以来的城市发展演变历程,提出了至今为止仍具有相当影响力的城市演变模型,他把国家分为城市化地区和非城市化地区,又把城市化地区分为中心城市体系和一般城市体系两个部分,其中城市化地区又由中心城区和郊区构成,中心城市的发展总是比其他城市超前,在此条件下,城市的演变过程分为“伴随流失的中心化(Centralization During Loss)”、“绝对中心化(Absolute Centralization)”、“相对中心化(Relative Centralization)”、“相对分散化(Relative Decentralization)”、“绝对分散化(Absolute Decentralization)”和“伴随流失的分散化(Decentralization During Loss)”六个阶段,如图3-3所示。

(1)伴随流失的中心化阶段:此阶段的主要特征是具有人口的高出生率和低死亡率,农村人口的数量较大,工业大多集中于中心城市或者港口等大型城市,同时城市化水平的提高主要体现在大型城市的不断发展上面,中心城市主要吸收周围的郊区人口以及农村人口,同时中心城区的人口有可能会流失到大城市。

(2)绝对中心化阶段:此阶段大多数城市已经基本完成工业化,大量的农村人口劳动力继续向城市流动,农村人口不断减少,各个城市化地区的人口在不断增加,人口主要向中心城市聚集。

(3)相对中心化阶段:此阶段进入城市化的高速发展阶段,各大城市化地区的人口迅速增长,但同时,体现出中心城市的人口增长速度仍然快于郊区的人口增速,仍然体现出城市要素流动向中心城市的集聚状态。

(4)相对分散化阶段:此阶段城市化地区的人口继续处于不断的膨胀过程中,但城市的发展模式发生了重大变化,尽管中心城市的人口还在继续增加,但其附近郊区的增长人口已经开始超过了中心城市,中心城市的规模和能量在整个地区的比重开始下降。

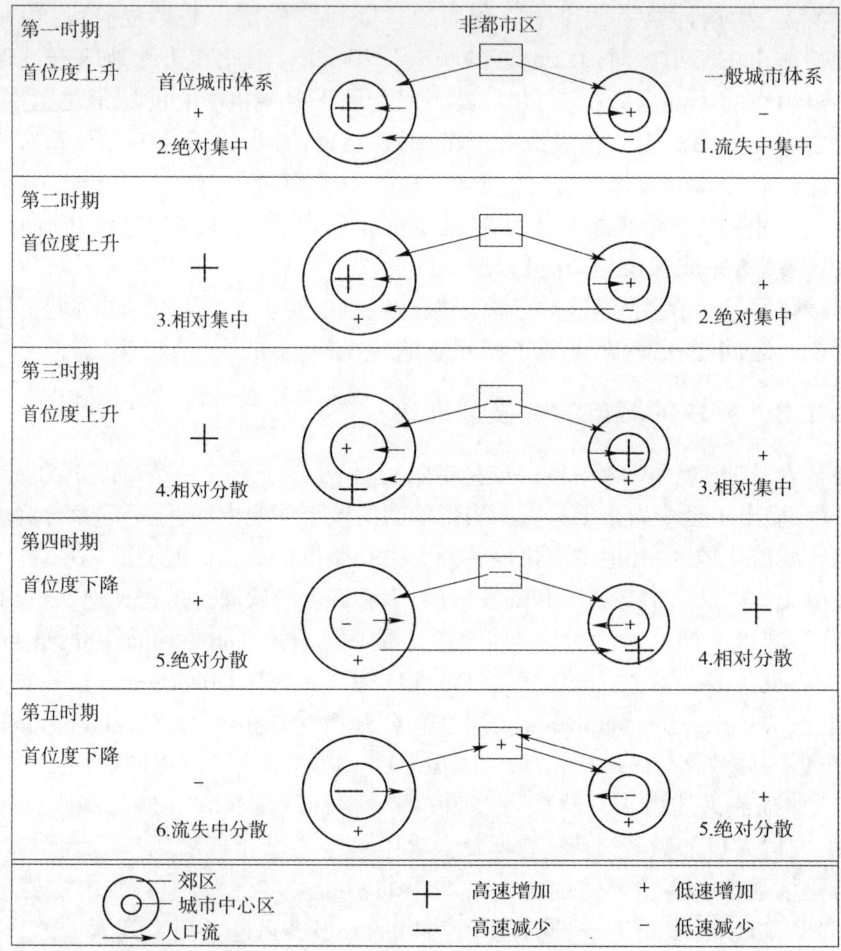

图3-3 霍尔城市演变模型示意图❶

❶ 周捷.大城市边缘区理论及对策研究[D].上海:同济大学,2007.

(5)绝对分散化阶段:此阶段城市化地区内的人口流动方向开始发生逆转,城市化地区的离心分散作用开始超过了集聚作用,人口开始由中心城市向郊区迁移,同时城市的人口绝对量可能会发生下降。

(6)伴随流失的分散化阶段:此阶段也被称为“离心化”阶段,中心城市的人口开始大量向外迁移,一部分进入中心城市周边新形成的次级中心,另外一部分则有可能向城市化地区外迁移,中心城市开始出现衰落,整个城市化地区的人口总量下降明显,显示着整个城市化地区出现了逆城市化的现象,城市开始进入多中心阶段。

从以西方城市为代表的大多数世界城市发展史来看,城市化地区的空间形态发展阶段呈现出了以下的特征:即总体上看,城市空间形态的变化是由集聚和扩散两种效应共同作用而产生的,但不同时期,集聚或扩散效应可能会占主导地位,这也导致了城市的空间形态会在不同阶段出现“集中”或者“分散”的特点。同时可以看到,三种不同的城市空间演变的基本理论中,扩散阶段,即郊区化(人口和生产要素外迁的过程)对城市的空间形态起到了至关重要的影响作用,可以认为,城市空间扩张的过程与郊区化在时间范围界定上是基本是一致的。1995 年姚士谋等认为,城市空间扩张是城市功能发展与调整的结果[1],2007 年马强则进一步指出,这种调整是在城市的自组织力和人为的控制力双重作用下产生的,并会出现三种不同的效果:一是当人为控制力与城市空间自组织力耦合同步时,则加速了城市空间的发展;二是阻碍或延缓空间自组织的演化过程;三是修正空间自组织过程的方向[2]。城市化地区空间扩张过程的阶段划分也同样反映了城市的形态变化过程是一种城市形态适应城市功能转变,同时由均衡状态向非均衡状态过渡,最终寻求新的均衡的过程,次级经济中心的出现使得扩散后的人口及要素等所处的经济环境实现了新的均衡,推动了城市的空间结构的不断扩张和重构,从而导致了多核心等新的城市空间形态的出现,实现了新的稳定状态。

3.4 城市化地区空间扩张的模式

城市化地区的空间扩张问题与土地的利用情况息息相关,1998 年姚士谋曾指出,城市空间扩张过程中最核心的问题是城市功能特征变化引起城市用地结构的

[1] 姚士谋,帅江平. 城市用地与城市生长—以东南沿海城市扩展为例[M]. 合肥:中国科学技术大学出版社,1995.

[2] 马强. 走向“精明增长”:从“小汽车城市”到“公共交通城市”[M]. 北京:中国建筑工业出版社,2007.

演化，由于城市功能结构、性质规模不同，城市用地的扩张方式、强度和用地结构也是不同的❶。关于城市空间扩张的模式，不同研究有不同的理解：1999 年 Leorey 认为城市的空间增长类型有三种：紧凑型（Compact）、边缘或多节点型（Edge Of Muti-modal）和廊道型（Corridor）❷，紧凑型增长是指城市空间增长往往发生在城市目前已有轮廓内的空隙地区，即不会产生新的空间扩散；边缘或多节点型的增长则是指在城市的边缘地区产生多个专业或者综合的城市功能节点，比如居住、商贸等，类似于前文提到的埃里克森理论中的专业化及多样化生长点，这些地点能够提供较多的城市功能与服务，从而使得其聚集人口的能力逐渐增强，能够提供较多的就业和工作机会，一般会成为城市的次级中心；廊道型则是指城市的用地类型主要沿交通干道进行。与此类似，2008 年张京祥的研究曾指出，城市形态包含了空间形式、人类活动和土地利用的空间组织、城市景观的描述和类型分类系统等多方面的内涵，同时认为城市的增长可以分为简单增长、分布增长和结构增长❸。2002 年 Roberto 对城市空间形态扩张的五种模式分类方法与 Leorey 基本保持了内涵上的一致性，但更加的深入和细致，这五种分类方式分别是：填充（Infilling）、外延（Extension）、沿交通线扩张（Linear development）、蔓延（Sprawl）和卫星城（Large-scale projects）❹，填充式扩张是在已经形成的城市空间地域内进行空隙的填充；外延型则是指在城市的边缘地区向外进行扩张延伸，但外延往往具有一种连续性和形态上的均匀性，由于外部空间的开发往往具有连贯和时序性，因此在形状上会呈现类似于树木年轮的形状；沿交通线扩张则与上述的廊道型扩散类似，会使得用地和城市功能的迁移沿着交通线路的扩张方向进行，形成“指状”、“星状”或者“线状”的空间形态，与本书城市空间扩张的理解相比，此处的蔓延是具有典型意义的破坏式的蔓延，即是指城市的外部边界空间上不断地向外形成破碎的、不规则的、开发功能单一的土地使用空间；卫星城状的扩张则主要是指在中心城区的郊区范围内或者城市边界附近形成上文中提及的具有一定规模的节点，从而形成中心城区的附属城镇或者城市化地区的附属城市。从空间形式上看，除了填充式增长属于城市化地区内部结构性调整式增长外，即在空间形式上不具有明显的城市总体占用土地面积向外扩大的特点外，其他四种均应归为城市形态的扩散式增长（即广义的形态扩张）的范畴内。2007 年马强的研究中，将城市空间的增长模式分为了外部扩张模

❶ 姚士谋.中国大都市的空间扩展[M].合肥：中国科技大学出版社，1998.

❷ Leorey O M, Nariida C S. A framework for linking urban formand air quality [J]. Enviromental Modelling&Software, 1999,14(6):541-548.

❸ 张京祥，洪世键.城市空间扩张及结构演化的制度因素分析[J].规划师，2008，24(12)：40-43.

❹ 马强.走向“精明增长”：从“小汽车城市”到“公共交通城市”[M].北京：中国建筑工业出版社，2007.

式和城市的内部重组模式；他指出，城市的外部扩张模式和内部重组模式可以又可以按照单核心和多核心两种情况进行进一步的划分，分为“单中心同心圆式”、“轴向外部式”、“多核心延连式”等，同时1925年伯吉斯教授提出的“同心圆结构”、1932年巴布科克提出的“轴向同心圆结构”、1939年霍伊特提出的“扇形结构”以及1945年美国的哈里斯和乌尔曼提出的“多核心城市地域结构”均属于城市的内部重组模式，这三种模式是目前广为引用的城市扩张模式，也被称为城市地域结构的三大古典模式，其他的相关模式则可以理解为是在此基础上演变而来的；2009年雒占福的研究中，将城市的空间扩张划分为了外延式、跳跃式和内部改造式等三种模式，诸如此类的研究和划分方法诸多，但都具有不同程度的共同之处，可以归纳如下。

城市化地区空间形态的扩张模式在方向上可以分为向外推进和向内整合两种：即城市形态在不同时期均会表现出内部的不断演化以及外部边缘的不断扩张，但不同时期所表现的主导性变化是不同的，例如在外延式的扩张过程中，扩散力量会占主导地位，城市内部会不断有新的城市功能及产业出现，经济利益驱动会将城市内部的一些低产出的功能分区不断地被排挤到城市的外部地区，因此城市形态会显现出空间上的对外扩散，但受城市的土地形态、交通水利等基础设施的影响，这种扩散在形式上又有可能分为连续的对外均匀扩散、沿轴向的对外扩散以及不连续的对外扩散(不连续的对外扩散通常称之为飞地式扩散)等；向内整合则主要体现在由于受到距离中心城市或者中心城区的城市集聚力量影响，新的城市空间开发可能主要集中于已有范围内的土地再次利用和剩余空间开发，表现为对已有空间的填充等，上述模式可以用图3-4、图3-5表示。

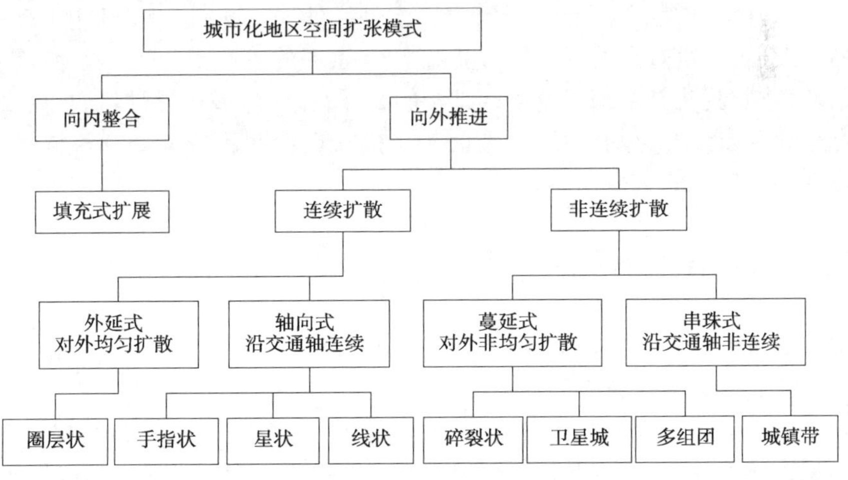

图3-4 城市化地区空间扩张模式示意图(1)

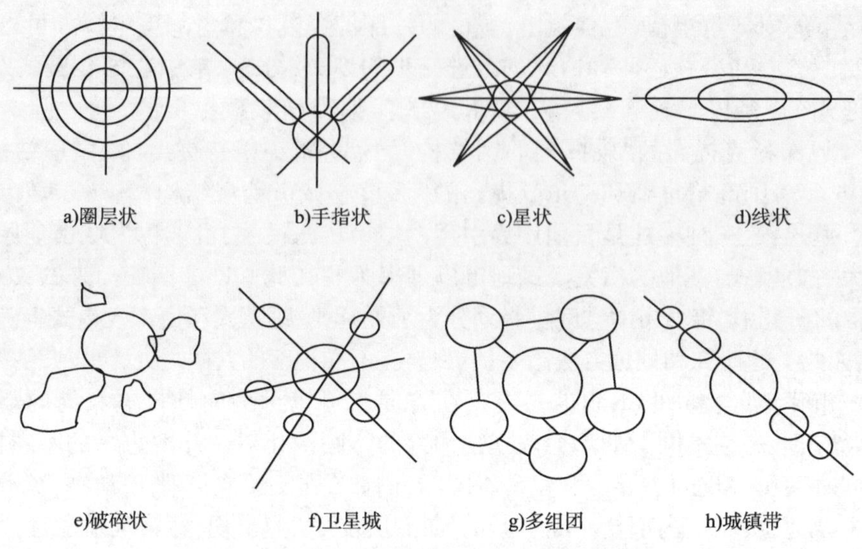

图 3-5　城市化地区空间扩张模式示意图(2)

同时需要指出的是,诸多已有研究成果也得到了下面的结论,即城市化地区的空间扩张是与城市发展的经济阶段(即城市化的阶段)有紧密的相关性的,即当城市的经济总量较小,规模较小时,表现为集聚作用占主导地位时,城市的空间形态扩张往往会受经济成本的约束作用明显,此时的空间扩张模式往往以填充和对外的均匀扩散为主要表现形式,然而随着城市的经济总量不断增大、经济辐射能力不断增强、城市内部要素流动能力不断增加以及相应的交通等基础设施的务的能力不断提升,城市的扩散会开始选择倾向于沿轴线的向外扩散以及可能出现失控式的蔓延式发展,此段时期的内部填充形态往往表现的不明显,可以认为,随着城市内部的社会结构、功能组织以及空间结构的日益复杂化,城市化地区对外扩张的空间形态也表现出多元化的特征,其空间扩张模式也会在不同时期和不同经济发展阶段出现不同模式的交替变换。

3.5　城市化地区空间扩张的基本特征

根据上节内容对城市化地区空间扩张模式的总结,可以认为城市化地区的空间扩张现象具有以下几方面的特征:

(1)自组织特征:城市化地区往往会被认为是一个完整的社会经济结构体,当城市的集聚效用占主导作用时,即城市基本形成一个封闭的整体时,这种结构体在空间表现上的自组织性就会较为明显。城市形态往往受城市所辖空间内部的产业特点、各种社会经济行为以及空间活动偏好所影响，其具有自身固定特征的发展模式，而基本不受外部经济体和内部的活动所干涉，这一特征的根源在于城市功能结构在城市结构体确立时即进行了“定位”，这种定位确定了城市活动的行为具有“内循环”的特点，从而不受地区外因素的影响，这也解释了为何诸多具有基本相同的交通区位或者资源要素禀赋的城市最终在城市发展规模和空间形态上的表现却截然不同。

(2)倾向性特征：交通线路等基础设施会使得城市空间活动的经济成本等得到节约，因此，城市形态在扩张的过程当中会受到河流、公路、铁路等交通基础设施线路的影响，表现出对此类基础设施的倾向性特征，指状、星状以及线状等城市形态的出现均与交通轴线等基础设施具有重要的关系，虽然由于同时受到地形等自然因素影响，可能会产生非连续的沿轴向扩张，形成串珠式扩散，但大多数情况下，城市在空间扩张过程中会表现出明显的倾向轴线发展特征。

(3)层次性特征：城市空间扩张的模式在城市化地区范围内不同层次上的表现形式也是不同的，一般来说，城市空间形态的层次性表现在城市的内部、城市化地区的扩散区以及城市化地区边缘地带的扩张模式具有一定差异：城市内部形态的变化往往体现在城市内部的土地空间使用功能的调整、开发强度的转变以及未开发空间的填补；在城市化地区的扩散区域往往表现为交通走廊的开发以及新功能区的建立等；在城市化地区的边缘区则表现为用地轮廓的不断延伸以及新城镇体系结构的建立。

(4)周期性特征：城市空间扩张的模式往往和城市发展的经济阶段具有紧密联系，由于影响城市经济发展要素的集聚和扩散作用往往成周期性的交替出现，因此其空间扩张形态也相应地具有一定的周期性，具体表现为当城市的扩散速度将会跟随城市的人口、资金、信息、技术等要素的扩散速度，当城市开始进入扩散阶段时，城市往往开始增长，但其空间规模的增长速度则不是均衡的，当城市空间规模到达一定程度时，扩散效应将使得城市的辐射力下降，此时城市将转入以集聚为主的形态稳定期，相应的要素流动也会转变为以聚集行为为主。

(5)非均衡性特征：城市化地区内部的地理资源等要素禀赋一般是非均衡的，因此，其对城市空间形态的影响也是具有非均衡性的，一般情况下，当城市进入到扩散阶段并且超出了长期以来的城市功能活动范围时，城市的空间扩散不会像理想状态下呈现出均衡扩散的形态，而是受土地资源、交通设施等要素的限制呈现出部分空间优先发展的特征，“摊大饼”式的均匀式对外扩散往往发生在地理条件较为均衡，同时基础设施扩散具有均衡性的城市化地区，及其与周边的经济联系同时呈现均衡性时，但这一条件并非城市发展普遍具备的基础条件。

3.6 城市化地区空间形态的定量化测度

如何从定量化的角度来说明城市化地区空间形态的基本特征以及其变化的情况,是判断城市化地区或者城市化地区是否出现了“集聚”、“扩散”、“蔓延”等基本形态演变的重要基础,从前文关于城市蔓延的计量和测度问题研究综述中可以看到,虽然目前国内外的学者建立了诸多不同视角和功能指标来说明城市的扩张程度,但其存在一定的分散性,难以形成一个较为完整的体系,同时需要指出的是,针对城市扩张程度的表达应该是建立在对城市形态的基本表述的基础上的,因此,本部分内容将以以往研究的相关结论为基础,对其进行必要的归纳和整理,力图形成一个较为清晰和实用的城市形态定量化表征的体系,以供此问题以及相关研究的参考和应用。

根据城市空间形态、城市空间扩张的基本概念和理解,对一个城市空间形态的表述应该从数量(包括绝对数量和相对数量)、结构(包括数量结构和空间结构)、功能(包括城市功能和经济功能)等几个主要的方面来表述。在以往的研究当中,往往着重考虑某一方面的表现,国内外研究当中,在城市的用地扩张速度、扩张强度、紧凑程度等表征方面已经有了诸多的研究成果,例如,对城市的数量方面往往采取人口数量、土地面积、人口密度、就业密度等,对城市的结构表征往往采用空间土地利用的完整程度、连贯程度、发展形态、公共设施的分布程度等。城市用地扩张的速度主要用来说明城市土地扩张面积的增长情况,而扩张强度则主要用来说明区域内的城市土地扩张程度,来说明其发展的速度,使之具有横向以及纵向的可比性。在城市的空间结构表述方面,往往使用城市土地的利用结构、土地资源的空间中心的偏移等计量指标,同时,形容城市某一方向的发展速度则主要使用此方向上土地所承载人口的密度变化等。

近年来,对于城市的直观形状的表述手段和方法也日益丰富,一般使用城市的用地破碎的程度(地块的非连续性)和城市的分维数(边缘的复杂性)等方法来衡量,主要的指标有城市布局分散系数、城市布局紧凑度、城市边界维数、半径维数等,但同时注意到,随着研究方法和可采用手段的不断更新,空间形态的定量化表述开始变得趋于复杂化,但其实现的难度也随之增加,以 2002 年 Hasse 构建的指标体系为例,除人口密度等指标外,区域规划不一致程度、新增交通基础设施的无效程度以及重要土地资源的被占用和单位面积不透水表层的增长程度等指标的计量和获取都非常的困难和难以精确,因此,如何选取一些含义简单、可操作性强的指标是表征城市空间形态的关键。

综上所述,本书认为可选取如下几个方面的指标来定量化说明城市空间的基本形态和其具有的特征，其指标分类以及含义见表 3-3。

城市空间形态定量化表达的基本指标分类❶❷❸ 表 3-3

指标反映对象	基本含义	典型指标	计算方法
空间密度	城市密度是反映城市形态特征的最基本指标之一，通过城市中的设施分布以及空间利用情况的大小来反映城市的分散程度等特征，城市的密度指标可以包括人口密度、建筑物密度、就业岗位密度、公共服务设施配置密度、经济产出(GDP)密度等，以上指标虽不具备直观反映城市形态功能，但可以通过密度指标的时间序列变化来反映城市是否处于扩散以及集聚状态	人口密度	人口与土地面积之比(人/km^2)
		GDP 密度	GDP 与土地面积之比(元/km^2)
		建筑物密度	建筑物总面积与建设用地面积之比
		就业岗位密度	就业岗位与土地面积之比(个/km^2)
		学校、医疗等公共服务设施密度	设施数量与土地面积之比(个/km^2或个/万人)
空间景观格局	借助景观生态学的基本方法，可以从外部景观的角度来评价和分析城市的形态与空间分布特征，景观格局指标主要用来分析城市形态的连贯性、外部轮廓的复杂性等等，目前用来评价城市的景观格局的计算指标主要有城市形态的分维数量*、城市用地的斑块化程度(主要包括斑块化数量、斑块面积的大小等)指标	边界分维数	$\ln P = \ln\varphi + 1/2c\ln A + 1/2DA^{1/2}\ln A$ 式中，D 为面积一周长分维数；A 为研究区域面积；P 为研究区域边界的周长
		半径分维数	$\ln N(r) = \ln\eta + D\ln r$ 式中，D 为面积—半径分维数；r 为回转半径；$N(r)$ 为面积(πr^2)范围内土地利用的像素数目
		用地碎裂度	$FI = (NF - 1)/MPS$ 式中，NF 为某一景观类型(建设用地或者耕地)的斑块总数；MPS 为这一景观类型的平均斑块面积
		蛙跳指数	$LP = S_{out}/\Delta S_{(t-1\sim t)}$ 式中，$\Delta S_{(t-1\sim t)}$ 为 $t-1\sim t$ 时段研究区域内新增的建设用地面积；S_{out} 为 $t-1\sim t$ 时段研究范围内的蛙跳用地面积

❶ 祁巍锋. 紧凑城市的综合测度与调控研究[M]. 杭州：浙江大学出版社，2010.6.
❷ 冯科. 城市用地蔓延的定量表达、机理分析及其调控策略研究[D]. 杭州：浙江大学，2010.
❸ 冯健. 转型期中国城市内部空间重构[M]. 北京：科学出版社，2004.

续上表

指标反映对象	基本含义	典型指标	计算方法
功能复合化程度	城市功能的复合化是指目前城市功能在发挥过程中的土地利用的混合程度，城市功能的复合化程度越高，表明城市在越有限的空间里即可发挥居住、商业等城市功能，相应的、城市的形态也就会比较紧凑；复合化程度越高，同时也表明了典型的蔓延式扩张对土地的单一功能开发（居住、商业、办公等功能分区）程度越低	用地多样化指数	$H = -\sum_{i=1}^{n} p_i \times \ln p_i, H' = H/N$ 式中，H 为多样性指数；p_i 为类型 i 的空间个体在全部个体中的比例；n 为类型数量；H' 为多样性均度；H' 越大，表明空间分布越均匀
		居住用地破碎度	$PD = \frac{n_i}{A}(10000)(100)$ 式中，n_i 为第 i 类地块的数量；A 为总面积
		公共设施用地破碎度	$PD = \frac{n_i}{A}(10000)(100)$ 式中，n_i 为第 i 类地块的数量；A 为总面积
		工业用地破碎度	$PD = \frac{n_i}{A}(10000)(100)$ 式中，n_i 为第 i 类地块的数量；A 为总面积
空间范围变动趋势	从同一城市的不同发展时序来看，城市的形态具有一定的动态性，即在某一时期具有扩张或者收缩的趋势，此种趋势的直观反映即社会经济的发展与土地空间资源占用的变动情况，当社会经济变动速度大于（或小于）土地资源使用的变动速度时，可以认为城市形态呈现出收缩（或扩张）的趋势	用地对GDP弹性系数	用地增速与GDP增速比值
		用地对人口弹性系数	用地增速与人口增速比值
		用地对固定资产弹性系数	用地增速与固定资产增速比值
城市空间基本形状	城市的基本形状主要从空间平面的角度来对城市的基本形状进行说明，主要对城市形状的紧凑程度、规则程度（主要包括圆形化程度、分散化程度）等特征进行说明	紧凑度	$BCI = 2\sqrt{\pi A}/P$ 式中，A 为面积；P 为周长，值越接近于1，表明形状越接近圆形，认为紧凑度越高

注：目前的研究中，分维数使用的较为普遍，主要有边界维数、半径维数等，其中边界维数是指城市边界作为形态分割线的复杂程度，维数越大表明城市形态越复杂；半径维数则是指城市的中心区以外的地区在分布上的向心程度，半径维数越大，表明城市向中心依靠的程度越强，反之则越弱。

3.7 本章小结

城市化地区的空间扩张问题研究始自于对城市空间演变的认知，长期以来城市规划学等领域对城市形态的问题研究成果诸多，本章内容在对已有的城市空间形态扩张原因进行分析的基础上，选取了城市规划学的视角来对其进行了阐述，对规划者所争论的“集中”还是“分散”的规划思想基点进行了解析，进而对城市化地区的空间扩张模式进行了总结，认为集聚和扩散两种效应是导致城市形态扩张的两种主要因素，尽管规划学科更偏重空间形态的描述以及实际操作带来的影响，在对扩张机理的解释力与效果方面与经济学、社会学等其他学科相比有所欠缺，但其优点是更为直观的指出问题的表象以及特点所在，在对已有的城市形态定量化表述研究基础上进行了分类和总结，提出了空间形态定量化测度的基本指标体系。同时，本章的研究结论认为城市化地区的空间扩张具有的自组织、倾向性、空间性等特征也明确的反映了交通基础设施等空间因素对城市的形态发展起到了至关重要的作用，因此，本书将就此问题继续进行探讨。

第4章　交通承载系统的构成与评价指标

依据城市综合承载力的相关理论,交通承载力作为地区发展所需的必要基础,一般被认为是基础设施承载力的一种,是社会经济的各种活动和行为能够得以正常运转而提供的必要资源之一。同时,交通基础设施及其运行对于促进经济水平提升、保障社会平稳运行起到了重要的支撑作用,然而与传统的城市道路交通系统认识不同的是,城市化地区的交通承载系统作为一个承担整个地区交通行为和活动的整体,其在体系构成上往往涉及了交通基础设施、运输工具以及相应的技术和制度保障等多个方面,同时其对于城市的影响也不仅仅包括对交通出行的承载,更包括了与土地的利用形态的相互作用,这则被认为与城市化地区空间形态扩张的直接影响因素,因此,有必要对交通承载系统的体系结构进行解析,以便于在此基础上对其特点以及其所发挥的功能有更为直观和清楚的认识。

4.1　交通承载系统作用对象及系统结构

4.1.1　承载对象

从概念中体现的交通承载力作用特点来看,交通承载系统的主要承载对象是城市化地区内部所发生的所有交通运输活动,但从承担对象的主体特征以及交通运输行为的特点来看,对于交通承载系统的承载对象则有着不同的认识和理解。2004年李振福在提出交通承载力的概念时,曾认为交通承载的最终对象应该是人口,其概念为在可以预见的时间期限内,在充分利用地区内的交通资源以及物质、技术等其他条件的基础上,在不损害城市的交通环境质量和破坏交通资源的前提下,在保证城市的交通功能能够得到有效发挥的条件下,城市的交通系统能够承载的人口数量❶。2008年詹歆晔等人在其研究中则指出,城市交通系统的承载力是城市交通系统在可利用的资源和环境限制条件下所能够支撑的最大的交通运输活动(交通工具的数量或者交通运输能力),并给出了相应的衡量交通运输活动的指

---

❶ 李振福,城市交通系统的人口承载力研究[J].北京交通大学学报(社会科学版),2004,(3)4:76-80.

标，即“机动车在驶量”，其定义为在同一时刻，在城市道路网上行驶的机动车数量的总和❶。并认为，机动车在驶量越大，对环境和资源的影响越大，在驶量在持续增加的过程当中，对资源和环境产生损害的临界点称之为“最大在驶量”，也就是城市的交通承载力的临界点，即承载力阈值所在；2008 年郑猛的研究则认为，交通承载力是指在制定的研究时限和研究范围内，城市内部的交通基础设施所能够承担的人或物的最大移动量，同时，依据城市交通的服务对象不同，交通承载力又可以分为客运交通承载力和货运交通承载力两类❷。

以上概念界定的出发点不同使得对于交通承载力所承载对象的理解也不尽相同，但各有突出特点，以上三种交通承载的作用观点实际上可以归纳为交通承载的“人口承载”、“交通工具承载”和“运输对象承载”。“人口承载”是从社会经济承载力理论起源——土地的人口承载力演变而来的，即认为各种承载系统的承载对象最终都是人口，承载力就是城市或者一个地区能够承受多少人口的生活和活动；“交通工具承载”的出发点则始自于“环境承载力”，即强调城市的环境(自然环境和社会环境)能够承担的交通工具的活动数量，其所反映的交通承载外部限制指标主要取决于交通承载系统在实现交通活动时所反映的能源消耗以及环境污染程度；而“运输对象承载”则关注的是交通活动行为的最终作用对象，即以城市交通活动的本质——“人流”和“物流”的活动规模作为交通承载系统的承载对象，强调交通系统其实是对交通运输需求的满足。

本书认为，交通承载系统的最终作用对象应该从两个方面来理解：一方面，交通承载系统的承载对象是所在地区交通运输行为的总和，即系统能够实现的所有与人流和物流相关的空间位移活动的汇总，也就是对城市交通活动的显性承载，这种承载的主要目的是为了满足“流动性”的需要，因此，其对象不仅仅包括城市内部的人口流动，或是某一种交通工具的数量和规模，例如城市的步行交通系统或非机动交通系统能够承载的以步行方式或者非机动交通方式完成的出行需求也应属于交通承载系统所完成的承载范畴内；另一方面，交通承载系统在实现直观空间活动承载的同时，还承担了城市主要功能发挥的需要，此方面的承载可以概括为交通承载系统的隐性承载，一般来说，城市除了在满足日常的生产生活等空间活动需要之外，往往还涉及空间资源的整合、土地的合理开发使用、城市空间的扩张、产业

---

❶ 詹歆晔，郁亚娟，郭怀成，等．特大城市交通承载力定量模型的建立与应用[J]．环境科学学报，2008，28(9)：1923-1931．

❷ 郑猛，张晓东．依据交通承载力确定土地适宜开发强度－以北京中心城区控制性详细规划为例[J]，城市交通，2008，6(5)：15-18．

布局的调整等多方面功能，而这些功能也同样需要交通基础设施来承载和实现，一个典型的例子可以很好地说明这一点，即目前诸多城市修建城市环线道路等城市周边非交通需求导向交通基础设施的目的往往不是为了单一满足城市内部以及周边的运输需求，而是出于对城市空间框架的调整、城市周边组团的引导性开发，土地资源的利用、产业布局结构的调整以及促进城市功能的发挥和实现等方面的非显性需要。

需要澄清的是，与城市存在的"显性结构"和"隐性结构"的原理类似，虽然与显性交通承载相比，城市交通系统的"隐性承载"还没有诸如"基础设施里程"、"机动车在驶量"等指标来直观体现，但其却会对城市的交通行为以及空间活动的结构产生间接且不可忽视的影响，城市交通基础设施的修建往往会改变相关土地的利用性质和区位优势，进而引发交通需求的变化，这种变化则最终会以某种形式体现在交通行为活动中，进而对交通承载系统产生显性负荷作用。因此，综上所述，本书认为城市交通承载系统的承载对象及其结构关系可以用图 4-1 来表示。

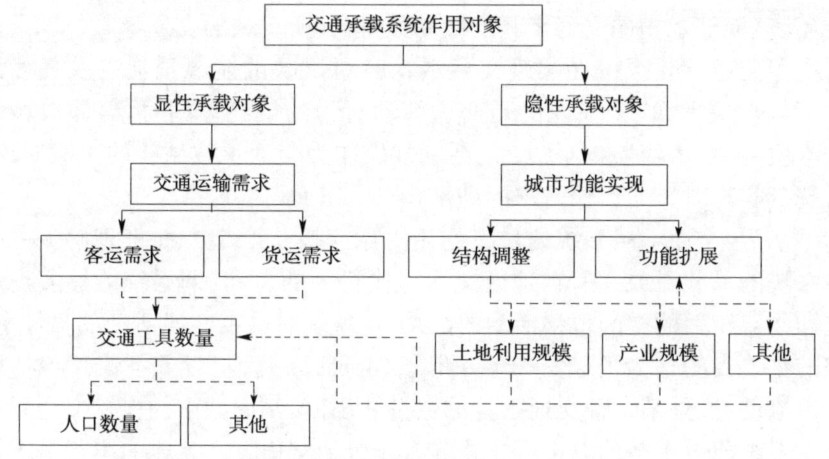

图 4-1　交通承载系统作用对象构成

4.1.2　系统结构

根据前文确定的交通承载系统的概念界定以及主要承载对象，本书认为，从系统构成的角度来讲，交通承载系统是一个包括了所有支撑交通运输活动要素所组成的复合系统，因此，其结构与传统的某一运输方式的交通运输系统具有一定的相似性，一般来说，城市的道路交通运输系统需要满足静态交通以及动态交通的需要，在系统构成上，由基础路网及公共设施、机动车辆、交通流组织与控制技术、交通运行监督及管理体系构成，因此，与传统的城市交通系统构成相类似，城市化地区的交通承载系统也由包括了“硬件交通承载力”和“软件交通承载力”在内的一系列功能模块组成。

借鉴传统的基础设施承载力系统构成框架,本书界定的交通承载系统一般包括三个方面的主要内容:

(1)交通基础设施体系,即城市化地区内部的交通硬件设施(包括道路、轨道等交通线路、交通枢纽等等)的空间结构和布局,这也是最直观的,其表现影响和作用最容易被反映的系统。

(2)交通运输的技术体系,即可以理解为能够支撑在基础设施系统上实现交通行为的技术手段,包括了交通工具的结构,运输的能力以及组织水平(可概括为运输服务)等。

(3)交通运输的管理和保障体系,即为了如何实现交通运输系统的正常运转而相应制定的发展模式、管理制度、运营规范、协调机制和维护手段等。

其中,交通设施系统可以被认为是“硬件承载系统”,交通运输管理及保障体系可以被认为是“软件承载系统”,而交通运输的技术体系则主要体现运输过程中所涉及的交通工具以及与其相关的运输组织技术和手段,因此,其具备“软件”与“硬件”相结合的特征,可认为其是“软硬件结合承载系统”。同时注意到,由于交通行为具有涉及交通方式、交通需求、交通出行特征等多方面要素共同影响的特点,因此交通承载力作为能够使一个地区内交通活动行为正常运转的承载体,其各个子系统之间并不是相加的关系,而是由其内部的诸多要素和子系统之间进行必要的耦合和搭接,形成具有整体性功能的复合式系统。例如,城市内交通活动需求的总规模往往是由人流与货流的空间活动轨迹决定的,其总规模在数值上包括了各种交通方式交通行为数量的总和,但却不是其简单的叠加。因此,借鉴城市综合承载力的构成模型(李东序,2008 年),本书认为交通承载系统可以用如下形式来表示:

$$交通承载力 = F(硬件承载力,软件承载力,软硬件结合承载力) \tag{3-1}$$

其中,硬件承载力主要包括了交通线路承载力,交通节点(枢纽)承载力等;软件承载力则主要包括了交通制度承载力、交通管理承载力和交通发展承载力等;软硬件结合承载力则主要包括了交通工具承载力、交通技术承载力、交通控制承载力等,由此确定的交通承载系统结构如图 4-2 所示。

以上系统构成中的各子项承载力可有如下的认识的理解:

(1)交通线路承载力,是指在一定时期内地区内部的供交通行为活动所使用的各种交通线路的总承载力,一般来说,包括提供非机动化交通(步行交通、非机动车交通)、机动化交通以及轨道交通等所有交通方式的线路总和。

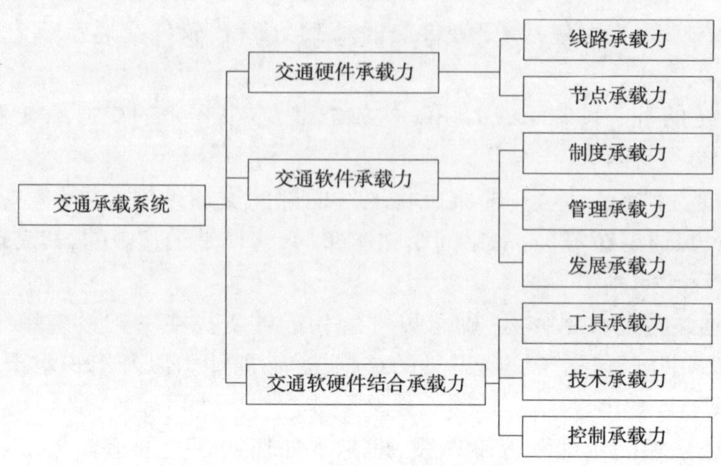

图 4-2　交通承载系统结构示意图

(2)交通节点承载力,是指在一定时期内地区内部供交通行为活动所使用的各种交通节点(交通枢纽)的总承载力,一般来说,包括提供同一交通方式正常运转的节点(公交车站、货运场站、公交停车场等)以及提供换乘和交通方式搭接的节点(客运换乘枢纽、物流园区)等所有节点的总和。

(3)交通制度承载力,即在一定时期内地区内部所执行的由国家、地区以及城市不同层面上颁布的与交通行为相关的法律制度、经济制度以及文化制度等对交通资源的利用和消耗作用的影响程度,交通制度是一个地区交通资源配置的基本准则和规范,因此,其对于交通系统的承载能力具有直接的作用和影响;

(4)交通管理承载力,即在一定时期内地区内部的所有交通管理主体所实施的管理策略、管理水平以及管理效率对交通资源利用和消耗作用的影响程度。

(5)交通发展承载力,即在一定时期内地区内部针对交通系统发展所制定的发展目标、发展战略以及发展模式对交通运输系统的改变能力,例如城市主要交通方式的转变、城市交通设施的投资规模等,体现了交通发展承载力对交通系统的作用程度。

(6)交通工具承载力,是指在一定时期内地区内部供交通行为活动所使用的各种交通工具的总承载力,一般来说,包括常规的机动车的数量、公共交通工具的容量、以及其他非机动交通工具的数量等。

(7)交通技术承载力,是指在一定时期内地区内部为交通行为活动提供技术保障的相关交通科学技术水平,例如交通工具的运输效率、排放指标等技术指标,交通枢纽的信息化等现代化程度等。

(8)交通控制承载力,是指在一定时期内地区内部对交通行为活动进行控制,使得其承载力水平得到提升或改善的能力，一般来说包括道路交通控制水平、静态交通控制水平等。

4.2　交通承载系统的约束层次性

从交通承载系统的作用对象来看，交通承载系统的主要功能以及作用主要是由与交通行为直接相关的各项子系统来实现的，但同时需要注意的是，相对“土地承载力”、“水资源承载力”等基本自然要素承载力来讲，交通系统承载力是一种“间接承载力”，其承载功能在实现的过程中仍然需要满足基本自然要素承载力，因此，有必要对交通承载系统的层次性进行进一步解释。

交通承载系统作为社会经济发展基础设施承载系统的一部分，具有基础设施的一般性质，即其被承载的对象（Carrying Capacity Object）是体现了一段时期内该地区内部经济、社会和文化等多方面发展成果的载体。但同时需要指出的是，与传统的环境承载系统、水资源承载系统等基础要素不同，由于交通承载系统具有较高的动态性、可塑性和可改变性，不具有不可再生的直接限制条件，因此应被认为是一种在城市复合生态承载系统架构之上的承载系统。

交通承载系统的层次性及其相应的承载约束条件可以从两方面来理解：一方面，交通承载系统所发挥的承载能力受到外部资源环境条件的限制，其发展的外部性指标（废气排放量、噪声、能源消耗、生态破坏等）会受到城市大气环境、生态系统等地区内部的环境因素的限制，其总体容量会受限在一定的规模内；另一方面，其作为城市化地区等地区的空间利用的一种基本形式，其结构和质量与城市以及城镇体系的结构、空间范围的扩张、地区内居民生产生活的方式和特点以及城市功能的发挥具有紧密的联系，交通系统对于土地资源的占用是城市化地区土地利用的典型形式之一，交通道路用地、停车用地与地区内部的土地使用状况具有直接关系，其网络的布局也与城市的人口分布和产业结构有着直接的相互影响，因此，交通承载系统同样受到土地承载力规模的约束。同时，随着交通技术进步、交通投资、交通管理水平和城市交通出行特征的改变，其系统的承载能力也会发生改变以适应或者引导城市的社会经济发展，因此，交通承载系统的承载容量同样受到城市的经济总量、城市资源规模、城市功能的实现能力、城市的科技发展水平、城市的文化意识形态等“软实力”方面因素的影响。如果说土地等承载力约束可以称为“基础层约束”的话，那么相应的交通基础设施规模、交通系统运输组织能力等交通系统的自身容量限制指标则可以被称之为“优化层约束”，交通承载力的层次性及其约束关系可用图 4-3 表示。

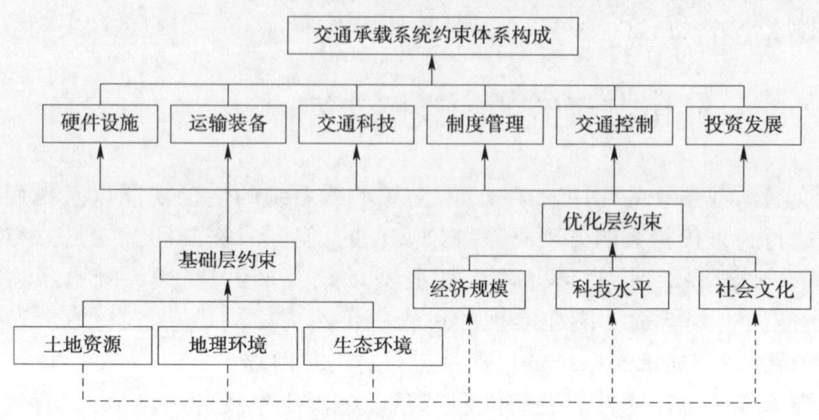

图4-3 交通承载系统约束体系构成示意图

4.3 交通承载系统的主要特征及功能

4.3.1 主要特征

从交通承载系统的构成以及系统的约束条件看,交通承载系统可以认为是由基础层资源和优化层资源共同约束,同时,受自身系统内部多个子功能系统共同作用的而构成的具有特殊的结构体系和社会经济发展功能的间接承载系统,因此,其在表现形式上体现出了一系列的承载系统特征,可从以下几个方面来表述:

(1)相对稳定性:一般来说,交通承载系统具有基础设施承载力的一般特性,即表现出系统在一段时期内的相对稳定的性质,这是由于一个城市或者地区的经济发展实力、科技技术水平等因素往往会呈现缓慢稳定变化的状态,同时,基础设施的投资、建设、运转等变化周期较长,交通基础设施的规模不会发生突变,其容量等承载指标会保持一个较为稳定的状态,这也是承载系统具有"门槛效应"的原因,即除非出现短时期内大规模的投资变动等因素影响,否则其能力往往会在一个固定范围内变动,难以突破限制"门槛"。

(2)衡量主观性:与自然承载力等基础承载类似,由于不同主体对于某种限制条件的忍受程度、主观标准以及认识活动的性质也不尽相同,因此,承载力的衡量标准往往呈现出主观性,就交通承载系统来讲,主观性表现会比较明显,例如对于城市环境的污染程度、交通运输工具的舒适程度、交通拥堵的忍受时间等体现承载力的限制性指标往往与主观感觉有直接关系,因此比较难以确定其边界和标准的定量阈值。但同时需要认识到,承载力限定指标可以界定在一定的范围内,而且总是朝着有利于社会经济活动和生活水平的提升方向改变的。

(3)系统复合性:交通承载系统所体现的是对城市或者某一地区的社会经济、产业发展、社会文化、人口活动等提供支撑的综合能力,是一种人类的活动性需求与自然环境相互作用的体现,因此,系统具有整体的、复合性特征,即交通承载系统都是由各个子系统的共同作用而发挥其功能的,在任何一个地理空间范围内,交通信息的传递、交通设施的搭接、交通行为的相互影响以及交通系统的管理与监督都是由系统内部的所有软件、硬件等要素和手段来共同实现的。

(4)空间差异性:交通基础设施与一个地区内部的电力、通信等基础设施具有相同的属性,即都属于网络型基础设施的一种,因此,其在空间上具有实体网络的特征,这种特征使得交通网络受到不同地区的地域差异、要素禀赋、空间分布等因素的影响,交通承载系统自身以及其所表现出的承载能力上会在空间上呈现出明显的不均匀性,主要表现在交通基础设施的资源数量、运输装备质量、交通工具的科技水平等方面会出现差异,其对交通需求的承载能力也会有所不同,同时,不同区域的承载力水平也可能由于衡量标准的不统一具有不同的外在表现,因此,一个地区的交通承载系统具有明显的区域性特征,只有在指定的时间范围和空间范围内,交通系统承载力才具有实质性意义。

(5)动态差异性:交通承载系统是一个将各种资源整合起来的有机整体,因此,其受到外界发展因素的影响总是处于不断的变化当中,从整个地区交通系统的发展历程来看,其稳定性一般是相对的,当地区的产业发展、生活水平改变等因素出现时,同时这种改变超出了承载系统对其的吸纳能力时,系统就会出现朝着适应这种改变的方向进行演化,直到建立新的稳态。交通承载系统在总体的规模和性能上会直接受到地区内的社会经济发展目标和交通系统建设需要的影响,因此,在不同时期,同一地区的交通承载系统会受到交通固定资产投资、交通发展政策等因素的影响而出现动态的变化,这种变化往往是正向的。

4.3.2 主要功能

交通承载系统的功能是指交通系统在承载地区内部的交通需求以及发挥城市功能的过程中所形成的能够使得社会经济系统正常运转以及提供生活水平保障的能力,从直观上看,交通承载系统的功能主要是提供满足交通活动的基本条件,维持以空间位移为目的的交通系统的正常运转,但除此功能外,交通承载系统还承担了地区资源利用、土地空间开发的引导等一系列直接或者间接功能,可分为以下几个方面:

(1)运输产品提供功能:运输产品的提供功能是交通承载系统最根本、最直接的功能之一,无论是节点交通设施还是某种交通方式,其主要目的是为了向地区内的人们出行以及产业发展等提供交通运输产品,实现旅客或者货物对于空间移动的需要。

(2)社会经济维持功能:交通承载系统在满足基本的出行以及货物运输等运输需求的同时,作为地区社会经济发展的基本保障,还发挥了地区内社会经济系统正常运转的维持功能,为经济水平的提升和社会的进步提供了必要的基础支撑。

(3)空间开发引导功能:一个系统功能完善的、承载能力强、运行效率高的交通承载系统可以通过运输功能实现为区域内生产生活要素提供流动性的需要,因此,其可以实现区域内的人流、物流等要素得到快速的交换和流通,进而改善所在区域尤其是未开发地区的经济区位优势,从而实现对土地空间的引导性利用,因而具有空间开发的引导性功能。

(4)制约性功能:从承载系统所发挥功能的外部性效应来看,交通承载系统在发挥一系列正外部性功能,即满足社会发展需要,实现经济系统正常运转的同时,还对其起到了一定的制约性作用,系统自身的承载容量会将区域内的交通运输活动限制在一定的范围和规模内,但同时,这也推动了系统内部自身的不断优化和升级,促使新交通方式的开发以及资源利用率的提高。

4.4 交通承载系统的衡量评价体系

哈肯伺服定理表明,任何复杂的系统或者事物,无论其结构或者要素的规模以及整合性达到何种程度,对系统整个运转起支配作用的影响因素只有一个或者少数的几个,而且这种其支配作用的因素往往是“慢变量”,即事物的本质是由支配事物的慢变量的特征所决定的,交通承载系统也具有此类特征,即支撑一个地区的交通运输需求实现以及社会经济系统功能发挥的交通承载力是由几个关键的要素决定的,因此,虽然交通承载系统涉及了实体基础设施、交通工具等运输装备、交通科技发展水平以及交通运输管理与制度等诸多方面,但仍然可以从中找出起关键作用的要素,并以某种具体指标的形式体现出来。

4.4.1 指标设定原则

从交通承载力在整个地区承载系统中所发挥的功能来看,交通承载系统的构建过程是系统工程理论、可持续发展理论、运输经济学理论等相关理论在城市综合承载力、自然承载力等领域的具体表现和应用。因此,在指标体系的设计上,应该从交通承载系统的作用机理以及承载对象和承载力表现特征的基础上进行考虑，本书认为，交通承载系统的评价指标体系构建应该遵循如下的基本原则：

(1)科学性与代表性。指标体系设定的科学性与合理性直接关系到交通承载系统功能的表达，因此指标体系要建立在科学的基础上，能够度量和反映交通承载力的特征，充分反映交通承载系统的内在机制和运行规律，同时，指标的选取应注重代表性和典型性，使指标体系相对简洁易用，指标的定义应该清楚明确，指标的计算方法、计算内容、数据处理应该科学合理，尽量得出科学合理和真实客观的评价结果。

(2)可得性与可操作性。交通承载系统的反映指标应该考虑不同层面的区域范围内交通承载系统表现数据的可得性与可操作性，虽然原则上要求指标反映应该尽量全面，反映系统的本质以及作用内涵，但指标体系过大会降低其可操作性，同时需要考虑与现行的社会经济统计指标以及行业统计指标的统计口径能够实现合理对接，因此指标体系设计应尽量以贴近实际，含义清晰且具有现实应用和统计意义为基础。

(3)空间性与时序性。交通承载力与其他着重反应数量的指标不同，其具有空间分布的非均衡性特征，因此，在相应的指标设计上也应该体现其空间性，用于反映交通承载资源的分布以及其承载的空间差异性特征，同时，就同一地区的承载系统来讲，承载力在一定的时间范围内具有相对稳定性，但是其在整个地区的发展过程中，则具有时序性，需要注意到不同时期的承载系统表现不同的特点。

(4)系统性与独立性。交通承载力具有系统性特征，因此指标要求是能够体现系统的全部功能，同时考虑指标之间的相互作用关系特点，避免指标反映意义的重复性以及冲突，还要考虑其与系统外部的人口、资源、环境等多方面作用时的表现与协调性关系，同时，承载力反映指标还应具有独立性含义，避免含义相似相近、重复表达以及可由其他指标组合计算的间接导出性指标，以便于增加指标的准确性以及对系统单一功能的表达和体现。

(5)可比性与连续性。可比性主要是指要从同类型、同级别的地区某一时期的交通承载力的表现状态进行横向对比入手，用以评价系统的承载能力之间的特征和差异，为了使指标在不同国家、不同地区以及不同城市等层面上具有横向可比性，指标体系在设计上应尽量采用通用的计算和衡量方法，同时，同一地区的指标也应考虑历史数据的可得性情况和地区内各承载要素相关资源的动态演化性，使研究对象的指标表现在纵向时序上也保持连贯性，具有可比较的条件。

(6)静态性与动态性。交通承载系统对于交通运输需求的承担往往不止体现在对于交通行为的承载上面，还体现在对于静态交通，即对于交通枢纽与车辆停放

交通承载系统的评价指标体系构成　　表 4-1

目标层	准则层											指标层
	系统基本构成				指标描述类别			指标特性		交通行为		
	基础设施	交通工具	运输服务	制度管理	硬件	软件	软硬件	数量性	结构性	静态交通	动态交通	
交通系统承载能力表现及刻画	●				●			●		●		百车停车位数
			●				●	●			●	车辆燃油供给率
	●				●			●			●	道路服务水平
			●				●	●			●	道路空气污染饱和度
			●				●	●			●	道路平均车速
			●				●	●			●	道路噪声超标率
	●				●				●		●	地均非机动车道路里程
	●				●				●		●	地均非机动车道路面积
	●				●				●		●	地均轨道交通里程
	●				●				●		●	地均机动车道路里程
	●				●				●		●	地均机动车道路面积
			●			●			●		●	公交线路覆盖率
			●			●			●		●	公交线网密度
		●					●	●			●	轨道交通发送能力
	●				●				●		●	轨道交通覆盖率
	●				●			●			●	交叉口服务水平
			●				●	●			●	交叉口空气污染饱和度
			●				●	●			●	交叉口噪声超标率
				●			●	●		●	●	交控设施完备率

续上表

目标层	准则层											指标层
	系统基本构成				指标描述类别			指标特性		交通行为		指　标　层
	基础设施	交通工具	运输服务	制度管理	硬件	软件	软硬件	数量性	结构性	静态交通	动态交通	
交通系统承载能力表现及刻画				●		●		●			●	交通标线施化率
				●		●		●		●	●	交通法规及常识普及率
				●		●		●		●	●	交通法律法规完备率
				●		●		●		●	●	交通管理信息化水平
				●		●		●		●	●	交通基础设施建设投资额
				●		●			●	●	●	交通基础设施建设投资水平
	●				●			●		●		交通枢纽服务饱和率
			●				●	●			●	居民出行平均换乘系数
			●				●	●			●	居民平均出行费用
			●				●	●			●	居民平均出行时耗
	●				●			●			●	路况完好率
	●				●				●		●	路网结构比例
	●				●			●			●	人均非机动车道路里程
	●				●			●			●	人均非机动车道路面积
	●				●			●			●	人均轨道交通里程
	●				●			●			●	人均机动车道路里程
	●				●			●			●	人均机动车道路面积
	●				●				●	●		停车场覆盖率
	●				●			●		●		停车场利用率
		●					●	●			●	万人出租车标台数
		●					●	●			●	万人公交车标台数

注:1. 表中人均指标主要体现指标的规模性特点,而地均指标则是指某一要素在不同空间地域上的分布情况。

2. “●”表示该指标所属的指标准则类别。

空间等需要的承载能力上面,因此,交通承载系统的指标体系设计应该体现静态交通承载与动态交通承载相结合的思想,使得指标能够全面充分反映交通系统的运行实际。

(7)主观性与可计量性。交通承载系统与诸多其他承载系统类似,用于反映系统本质特征的指标可以采用定量化的指标来进行衡量,但同时,在涉及主观认识的忍受程度来确定系统承载阈值的相关指标时,会需要主观判断性指标,即非客观定量化的指标来反映,因此,指标体系设计上需考虑指标的定量化以及主观性指标的设定和衡量方法。

4.4.2 评价指标体系设计

交通承载系统的评价指标体系设计可以从目标层、准则层,指标层三层体系来构建,目标层即对系统要实现的主要目标进行分解,在此基础上,提出实现目标所需要遵循的设置原则,即准则层,最终给出具体的指标方案,但需要指出的是,与目标层和指标层相比,指标体系的准则层较为复杂,交通承载系统的准则层按照承载静态和动态交通需求,可以分为静态交通指标和动态交通指标,按照交通系统的构成又可以分为硬件指标、软件指标和软硬件结合指标,按照不同交通方式又可以分为道路交通、轨道交通、公共交通等,按照交通承载系统的功能又可以分为数量性指标和结构性指标,因此,本书在指标体系设计上将采用多种的指标准则划分方法,但以交通承载系统的基本构成作为基本准则,其他准则作为复合性准则,来进行指标体系设计,同时,本书假定在城市化地区的交通方式分为机动车交通(机动车辆)、轨道交通(地铁、轻轨)、公共交通(传统公交)、步行交通、非机动化交通(自行化、电动机助力车)四种交通方式,指标体系的设计见表4-1。

4.5 本章小结

本章在传统的交通人口承载力及交通环境承载力等相关概念及研究基础上,提出了交通承载系统的概念,并对其内涵进行了解析,从系统的承载对象、系统结构、系统的外部约束条件以及层次性等角度对交通承载力这一基础设施承载系统进行了全方位刻画,构建了交通承载系统研究的基本框架,并对其具有的主要特征和发挥的主要功能进行了说明,从指标体系构建的全面性和科学性角度来讲,本章内容所给出的交通承载系统评价指标体系基本涵盖了交通承载力的数量性、空间性等特征,描述了其在发挥系统功能和作用时所呈现的基本形态和外在表现。

第5章　交通承载系统的效用表达与实例

从交通承载系统所发挥的功能来看,其主要具有提供运输产品、维持社会经济系统运转、提供空间开发引导以及制约系统规模和发展模式等四种主要功能,然而从效用分析的角度来讲,交通承载系统的作用实质上是改变了承载空间活动的空间资源利用性质以及空间流动行为的方式和数量。因此,交通承载系统对城市化地区空间形态的效用可以概括为对空间流动方式和能力的影响以及对空间利用性质和强度变化等方面的影响,一般来说,对于第一方面的影响,传统上称之为"机动性(Mobility)",而第二方面的影响则一般被称之为"可达性(Accessibility)",下面从交通承载系统的机动性以及可达性两方面的特征来说明系统所发挥的效用特征。

5.1　提供空间移动能力——机动性

5.1.1　机动性的基本概念

机动性一词来源已久,最早由美国社会学学者于20世纪20年代提出,是用来衡量城市社会福利公平性的一项指标,根据美国维多利亚(Victoria)交通协会给出的定义,机动性是指"利用某种交通方式的空间移动[1]"。社会学家认为,城市的机动性是保证城市里面每一个人能够自由的、方便的出行并且能够顺利到达目的地的一种居民基本权利。因此,机动性是一项衡量居民出行便利性的指标,是一项保证个人能够在自由活动的前提下实现其他权利的基本保障之一。在早期的研究认识当中,机动化曾经一度被简化为机动性的交通方式,尤其是与汽车交通方式相等同的概念,但随着社会发展以及技术的不断进步,机动化已经升上到了维持城市功能运转和社会经济系统运行的高度上。在此之后的研究当中,欧洲学者首先将其纳入城市规划尤其是城市交通系统的规划当中,并将其作为一个体现城市整体功能的重要指标,美国社会学家阿朗·伯丁(Alain Bourdin)曾指出:"有趣的是语源

[1] 马强.走向精明增长:从"小汽车城市"到"公共交通城市"[M].北京:中国建筑工业出版社,2007.

学教会我们机动性、易动性(Mobilization)和动产(家具)有相当的语源;更明确地说,我们把机动性定义为在一个真实的或者虚拟的空间中位置的改变,可以是物质的、社会的、价值的、文化的、情感的和认知的改变"❶。这一观点的提出使得机动性的视角扩张到了单纯的某一种机动化交通工具之外的范围内,其不再仅仅局限于交通工具的速度和能力,而是涉及了城市、建筑、制度、经济等社会经济发展的各个方面。

对于机动性的衡量同样随着测度维度的不同而产生了不同的认识,一个基本的共识是,目前对于一个城市化地区进行出行行为界定时,在这个区域内的空间移动网络没有形成的前提下,其机动性的主要表现是以移动距离的空间性来衡量的,即会使用"某一地点到另外一地点的距离是多远",也就是说其单位是"千米"的空间维度单位,但是当空间移动网络,一般是指交通运输网络形成后,人们在关心所在区域的机动性时,便不再关心距离有多远,而是会从时间维度出发,主要考虑"从一地点到另外一地点的时间是多长",此时机动性的主要表现单位则是"小时"等时间单位。正如2004年法国学者弗朗索瓦·杜雷所说,"对机动性认识改变表明,如今,在描述市民出行的发展变化时,人们开始从地域与网络两个思路方向进行思考:实际空间距离上的邻近不再是社会相互作用和影响的唯一必要条件,取而代之的是"空间与时间的复合表现",因此,现代都市的地理尺度是可变的,或者说,现代都市的"速度"是多重的"❷。

从机动性的本质——"空间移动"的角度来讲,交通承载系统所发挥的机动性效用的外在表现是与交通系统尤其是以交通运输工具为代表的移动载体发展和变化过程紧密相关的,在交通系统发展的不同时期,机动性表现出了不同的性质和特征,根据交通系统的发展特点,可以概括为如下几个阶段:

(1)人力及畜力时期,在工业化出现之前,交通活动主要是借助人力以及畜力交通工具完成的,此时,道路等基础设施对于交通工具的效率影响非常有限,因此,交通承载系统的机动性主要表现在了交通工具的空间活动能力上,其主要的衡量指标则是以距离为单位。交通系统机动化的低效率也导致了人类的主要活动都集中在了有限范围内,因此,其空间活动行为也随之表现出了紧凑、高密度等特征。

(2)铁路和轮船时期,蒸汽机等技术的发明使得交通工具出现了历史性的变革,其在相同时间内的空间活动能力大大超出了原始的步行出行和畜力交通工具,因此,交通承载系统的机动性得到了大幅度的提升,但需要指出的是,此时铁路和

❶ 潘海啸,译.城市交通空间创新设计—建筑行动起来[M].中国建筑工业出版社,2004.

❷ 弗朗索瓦·杜雷.城市机动性——城市研究的新概念框架[J].城市规划汇刊,2004,(2):90-96.

轮船等交通技术的改良并未影响到近距离的空间活动行为,因此,就城市等社会经济活动节点来讲,其机动化的改良并不明显。

(3)早期的轿车和有轨电车时期,这段时期,机动化的交通工具已经开始渗透到了城市内部的居民日常生活和生产活动当中,随着城市内部轨道的铺设以及车辆技术的不断完备,在城市等空间范围内的交通基础设施网络开始形成,此时交通系统的机动性含义开始发生变化,人们开始考虑基于交通基础设施的空间活动效率问题,即开始重视空间活动的时间效应,同时在此时期,机动化的含义开始变得丰富,“交通方式”的理念开始深入人心。

(4)小汽车和公共电汽车时期,汽车等交通工具的迅速发展以及石油等基本能源的大规模使用,使得对于交通机动化认识的主体可以开始考虑以个人为单位的个性化机动性需求,这在小汽车等交通工具出现之前是无法实现的,因此,这一阶段交通系统的机动性除了表现出明显的距离和时间克服作用外,还表现出了强烈的灵活性,其方向性并不再受约束,同时,系统整体的机动性开始变得更为复杂,多种出行方式使得人们开始考虑综合交通方式出行的可行性和合理性。

(5)小汽车、公共汽车和轨道交通时期,交通技术的进步使得交通承载系统的构成以及其规模和功能变得日益庞大,相应的交通出行目的、出行特征等行为特征发生了明显的变化,此时,交通系统的机动性已经涵盖了包括了单一交通方式的活动能力、基础设施的容量、交通方式换乘的效率等与出行活动相关的各个方面,机动性的外面表现——“速度”的评价标准、衡量办法和实现手段也相应地变得更加复杂。

从交通承载系统的构成以及城市化地区内部的交通出行特点来看,交通系统的机动性受到了城市化进程中的生活方式多元化以及交通方式复合化的影响,一方面,随着土地等空间资源的使用效率不断提高,聚集人口的典型地区—城市(城市化地区)的人口规模不断增加,其相应的空间活动需求也变得日益增加和复杂,但是当交通系统的机动性水平较低时,直观带来的表现则是交通出行的拥挤和时耗的增加,对交通系统的机动性的要求不断提升;另一方面,交通方式的复合化使得交通承载系统在发挥其功能过程中开始考虑除了某一交通方式的活动能力之外的问题,即不同交通方式的衔接问题,因此,交通方式之间的换乘以及交通枢纽的运行效率成了影响交通系统机动性水平的重要因素。从以上的机动性含义表现方面来看,与传统的机动性含义(机动化工具的效率)相比,对机动性应该具有一个更为广泛的理解和认识,机动性应该包括多种不同方式的机动性(multi-mobility)和各种出行的交通环节交互后的机动性(inter-mobility)两个层面,前者强调机动性应该需要提供一个可以使多种不同方式的交通工具充分发展的交通承载系统,以满足不同种类的出行需求,后者则应该强调不同的交通方式和交通节点之间应该可以实现自由的转换和链接,充分实现交通系统对个人出行的满足。综上所述,对于交通承载系统所发挥的机动性应该主要从以下三个方面进行分析与评价:

(1)用于交通出行的技术能力,主要是指道路等基础设施的容纳能力以及交通工具的运行效率。

(2)提供交通出行节点衔接的能力,主要是指出行活动链中同一方式的衔接以及提供不同方式转换的能力。

(3)对交通出行需求的靠近能力,主要是指城市内的交通系统与城市主要功能区的衔接能力。

需要指出的是,在目前的交通承载系统机动性考量当中,对于前两者的分析较为常见,但对于第三方面的能力考虑则相对欠缺,一般来讲,城市的交通系统与城市内部的其他系统是紧密结合的,但是,随着城市规模的不断扩大以及受到城市规划中以功能分区为主导规划思想的影响,交通系统与城市系统的衔接会出现断裂,主要体现在以下两个方面:一是城市的交通基础设施往往和城市建设、景观等其他设施出现了功能性分离,例如道路的立交桥会出现在紧密的城市建筑当中,割裂了空间的同时却无法提供其他服务;二是交通系统的终端——即交通系统的节点与交通出行的起点无法进行紧密的衔接,导致了无效交通行为(以换乘为目的的长距离步行等)的增加,目前诸多居住社区与交通枢纽之间无法有效的衔接以及“最后一公里”的矛盾则正是这一问题的典型体现。

5.1.2 机动性的测度方法

关于机动性的已有研究大多侧重于机动性概念辨析和特征描述上,对机动性评价方法和模型的讨论较少。现有的机动性评价主要从两方面进行:一方面是机动性的潜力,如通过机动车保有量来衡量;另一方面是机动性的结果,如机动车行驶里程、车均出行次数、交通量、行驶速度等[65]。上述两方面中,以机动车行驶里程为主要指标的机动性研究最为普遍,如2000年Ross、2008年王继峰等均是将人均机动车行驶里程作为衡量交通机动性优劣的标准[69]。

通过概念辨析和对相关研究的认识,机动性可以理解成是实现人流和物流实现空间位置变换的移动能力,如果以交通需求点和交通网络为考察对象,能直接体现交通需求点在交通网络上人流、物流移动能力的指标是行驶速度。鉴于此,利用速度指标考察机动性具有一定适用性。

从相关性来看,机动性与交通需求点周围的交通网络特性有关,因此可以通过考察一定时间内交通需求点周围的交通网络平均行驶速度来衡量机动性。在定量模型选用上,利用 Voronoi 图来确定一定时间范围内可实现的出行范围和行驶路径,随后对各路段的速度进行求解,最终获得一定时间范围内的平均行驶速度值。

交通需求点的网络出行范围需要进行 Voronoi 图划分来界定,基于道路交通网络的 Voronoi 图划分一般遵循以下基本步骤[70]:

(1)设定时间距离阈值 T,将道路交通网络划分割成单一的道路链段 l_m 和链段结点 n_m,设 N 为所有结点 n_i 的集合,I 为发生元 i(交通出行单元)的源集合,且 $P \subseteq N$。

(2)分析各结点的邻接程度,生成反映结点邻接程度的 0-1 二元矩阵表。

(3)以网络中 i 为起点寻找时间距离最短的结点 n_i 并将 n_i 定义为新的发生元,设这两点之间的时间距离为 $t(i,n_m)$。

(4)利用最短路径方法寻找离结点 n_m 时间距离最短的结点 n_{m+1},并构建具有 k 条路径的最短路径树 K。

(5)对路径树上的每条路径的时间距离之和 $t_k(i,n_m)$ 进行检验,若 $t_k(i,n_m)=T$,则停止寻找;若 $t_k(i,n_m)<T$,则重复步骤(4),直到 $t_k(i,n_m)=T$ 为止。

(6)提取所有 $t_k(i,n_m)=T$ 的 k 条路径终点,将各点相连形成 Voronoi 面图,并把各路径嵌入交通网络中获得 T 时间范围内的路径分布图。

遵照上述方法获得的路径分布图,可提炼出从交通出行单元 i 出发的各条路径的覆盖路段,并形成路段合集 $D=\{d_1,d_2,\ldots\ d_R\}$。利用路段的路程属性和时间属性求出表征交通需求点机动性的平均行驶速度,其表达式为:

$$M_i = \frac{\sum_{r=1}^{R} d_r}{\sum_{r=1}^{R}\left(\frac{d_r}{v_r}\right)} \tag{5-1}$$

式中,M_i 为点 i 的平均行驶速度即机动性度量值;d_r 为路段 r 的行驶路程;v_r 为路段 r 的行驶速度。

基于式(5-1)给出的机动性模型,可以对交通出行单元的机动性进行度量,从而反映出每个出行单元的出行者在交通网络上的移动能力。当面对交通网络构成复杂和出行单元数量庞大时,借助 GIS 的行驶时间面分析功能进行快速运算。与可达性一致,机动性空间分析依托的空间数据也是网络数据集,在此基础上利用行驶时间面分析工具完成时间面分析,进而提炼出一定时间域之内的路段集合,利用式(5-1)进行机动性计算,并借助空间插值方法获得机动性的空间分布趋势。

依托图5-1中已经创建的网络数据集,城市交通网络机性评价流程如图5-1所示。

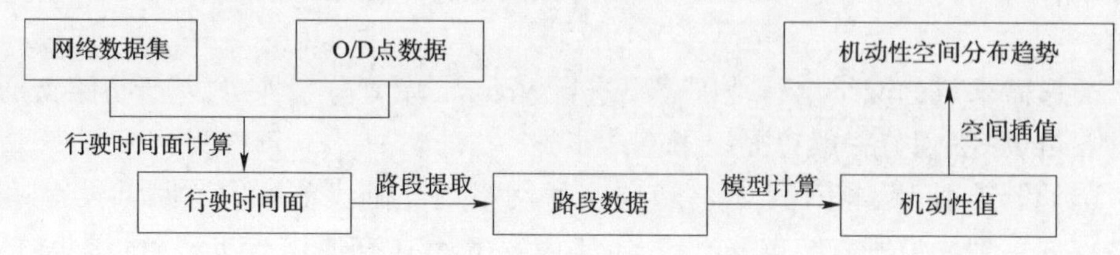

图5-1 基于GIS的机动性评价模型流程图

5.2 改变空间利用性质——可达性

5.2.1 可达性的基本概念

从研究历程来看,可达性(Accessibility)的概念是20世纪50年代被明确提出的,此后其概念和内涵被不断的重构和扩充,并且在城市的土地利用、交通规划等方面得到了较为广泛的尝试和应用。一般来讲,可达性一般用于衡量某个地点可以被接近的便利程度(也可以表述为能到达理想地点的能力和机会大小),以评价该地点所具备的活力(Vitality)与可变能力(Viability)。但由于没有明确衡量的方式和衡量标准,可达性的含义在具体应用当中得到的诸多结论对实践的指导意义往往变得模糊和不易确定,正如1979年Pirie G. H. 所说,"可达性是一个灵活的概念,只有在根据实际问题,对其进行定义和计算时,人们才会使用诸多含义中的一个❶"。从目前国内外的研究成果来看,在针对交通问题和土地空间利用问题的研究当中,对可达性的普遍性共识是:"可达性是指利用一种特定的交通系统(包括一种或多种交通方式)从某一给定地点到达活动地点的便利程度。"这一共识当中承认了可达性的空间依赖性和可达性计量结果的相对性,也就是说,一方面,可达性主要表述距离(时间距离和空间距离)对交通行为以及交通需求被满足的影响程度;另一方面,这种表述的结果只具有相对的比较意义,而不具备自身的解释能力。

❶ G H Pirie. Measuring accessibility:a review and proposal[J]. Environment and Planning A,1979,11:299-312.

可达性概念根据理解的不同具有不同的界定方式,2003 年 Kwan 的研究中,将可达性分为了个体可达性和地方可达性两类,前者是反映个人生活质量的一个指标,反映个体能够实现空间移动的能力,后者则是指所有人口容易到达的区位或地方所特有的属性,即某一区位"被接近"的能力❶。2001 年 Odoki J. B. 指出,当人们到达的地方能够进行达到目的的活动时,他们在此所获得的机会就是可达性力求概括的含义❷,从这个角度来讲,正如 2007 年马强所言,可达性的高低取决于两个条件:一是移动性的高低(机动性的程度),即人的移动能力和由于移动而到达目的地的机会,在这过程中,人直接采用的交通方式、道路通行能力和交通基础设施的质量起到了关键作用;二是出发地和目的地所在地区的土地利用水平的高低,良好的土地空间布局往往可以形成天然的可达性优势,在此前提下,现有的可达性研究可以不用考虑个体的差异化需求❸。

以上对于可达性的认识体现了这样的观点:交通承载系统的可达性主要体现在某一地区作为出行的起点或者终点时,到达或者离开这一地区所花费的时间或者经济价值的大小,这一价值可以被称之为普遍意义上的交通成本,同时,可达性还体现在对于提供空间活动能力的大小,即交通系统的容量和效率等对于一个地区所需要的出行活动的满足能力也是其提供的便利程度的一种体现,从这个意义上讲,交通承载系统等外部基础设施条件对于空间的影响可以归结为改变土地使用的性质,进而导致了其利用形态以及开发强度等特征变化的情况,国外诸多的研究实例也是围绕此观点展开的。Stewarz 和 Warntz 于 1958 年最先提出了以基础设施规模衡量城市区位的模型,并将其定义为交通网络中各节点相互作用的机会大小,以此测度了城市"区位"与其便利程度之间的关系❹,在此基础上,经过了 Hansen(1959 年)❺、Ingram(1971 年)❻、以及 James(1996 年)❼等人的补充和修订,形

❶ Mei-Po Kwan, Alan T. Murray, Morton E. Etc. Recent advances in accessibility research: Representation, methodology and applications[J]. Journal of Geographical Systems, 2003, 5(1): 129-138.

❷ Odoki J B, Kerali H R, Santorini F. An integrated model for quantifying accessibility-benefit in developing countries. Transpo rtation Research A, 2001, 35: 601-623.

❸ 马强. 走向精明增长:从"小汽车城市"到"公共交通城市"[M]. 北京:中国建筑工业出版社,2007.

❹ Stewart J Q, Warntz W. Physics of population disdribution[J]. Journal of Regional Science, 1958, 1: 99-123.

❺ Walter G. Hansen. How Accessibility Shapes Land Use[J]. Journal of the American Planning Association, 1959, 25(2): 73-76.

❻ Ingram, D. R. The concept of accessibility: A search for an operational form[J]. The Journal of the Regional Studies Association, 1971, 5(2): 101-107.

❼ Sleckman BP, Gorman JR, Alt FW. Accessibility control of antigen-receptor variable-region gene assembly: role of cis-acting elements[J]. Annu Rev Immunol, 1996, 14(1): 459-481.

成了目前普遍使用的以最小阻抗为基本指标的可达性模型[1][2][3];Javier G(1996年)[4]、Gabriel D(1996年)[5]、Taaffe(1962年、1996年)[6][7]、Gabriel Dupuy(1996年)[8]等国外学者分别以铁路、公路、民航等交通网络为研究对象,描述其网络空间结构等特点及变化情况,1959年Hansen的研究认为,不同地区的可达性差异形成了不同的土地利用模式,但实际上,从长期来看,土地的利用布局也会对居民的通勤等出行模式产生影响[9];1998年Shen的研究则指出,城市空间是作为一系列城市居民与他们的社会经济活动之间地理关系的整体,而可达性则是衡量这些地理关系深度和广度的指标[10];美国综合社会科学空间中心(CSISS)认为,对可达性概念和方法的分析是理解社会、经济和政治观点的基础[11];1951年,美国规划官员协会在对居民出行调查的结果进行研究分析后指出,"消费者最关心的问题并不是他们的工作地点与住所之间的空间距离,而是他们花费在这段空间距离上所需要的时间,因此,以消费者居住地为中心的等时间线才是其出行空间活动的真正范围所在[12]"。等时间线实际上则表明了一个城市中某一节点在既有的交通网络和交通效率支撑下所反映出来的可达性的高低;张文尝、金凤君、张兵等国内交通运输地理学者则在近10余年来对铁路网、公路网、民航机场布局等交通网络变化带来的时空收敛、网络布局、系统演变规律以及空间可达性改良方面做了系统的研究工作[13][14]。

---

❶ 金凤君,王娇娥.20世纪中国铁路网扩展及其空间通达性[J].地理学报.2004,59(2):293-302.

❷ 曹小曙.经济发达地区交通网络演化对通达性空间格局的影响[J].地理研究.2003,22(3):305-312.

❸ 薛德升.中国干线公路网络联结的城市通达性[J].地理学报.2005,60(6):903-910.

❹ Javier G, Rafael, Gabriel. The European high speed train network: Predicted effects on accessibility patterns[J]. Journal of Transport Geography, 1996, 4(4):227-237.

❺ Gabriel D, Vaclav S. Cities and highway networks in Europe[J]. Journal of Transport Geography. 1996, 4(2): 107-121.

❻ Taaffe. The urban hierarchy: An air passenger definition[J]. Economic geography, 1962, 38(1):1-14.

❼ Taaffe, Gauthoer, O'Kelly. Geography of Transportation [M]. New Jersey: PrenticeHall. 1997.

❽ Dupuy G, Stransky. Cities and highway networks in Europe[J]. Journal of Transport Geography. 1996, 4(2):107~121.

❾ Walter G. Hansen. How Accessibility Shapes Land Use[J]. Journal of the American Planning Association, 1959, 25(2):73-76.

❿ Qing Shen. Spatial technologies, accessibility, and the social construction of urban space[J]. Computers, Environment and Urban Systems, 1998, 22(5), 447-464.

⓫ Kwan M P, Janelle D G, Goodchild M F. Accessibility in space and time: A theme in spatially integrated social science[J]. Journal of Geographical Systems, 2003, 5:1-3.

⓬ 马强.走向精明增长:从"小汽车城市"到"公共交通城市"[M].北京:中国建筑工业出版社,2007.

⓭ 张文尝,金凤君,樊杰.交通经济带[M].北京:北京科学出版社,2000.

⓮ 张兵.近20年来湖南公路网络优化与空间格局演变[J].地理研究.2007,26(4):712~722.

从经济地理学的角度来看，影响一个城市等地区内部土地空间资源利用的主要因素是该地区具备的自然地理资源特征以及该地区土地资源所具备的价值，然而，在自然地理特征基本趋同或者差异不大的前提下，该地区土地资源所具备的价值在很大程度上取决于该地区可以被开发或者利用的潜力的大小，这种潜力即可被称之为“区位条件”，而区位条件通常被理解为经济区位、社会区位或者交通区位等，但从经济行为的过程分析来看，与空间相关的社会经济活动的主要制约要素则是该地区的交通区位，即是通过该地区具备的空间活动便利性来体现的，因此可以认为交通区位是社会区位以及经济区位的基础。当一个地区的交通承载系统发生改良时，其所带来的直接效果是该地区空间活动的便利性提升，以交通成本为主要表现形式的空间活动成本降低，地区的吸引力增强，人们倾向于在该区域进行生活生产等相关的社会经济活动，使得该地区周边的要素流动和社会活动向此地点聚集，从而改变了该地区的空间利用性质和经济活动的空间分布，这种改变有可能会通过两种表现形式来体现：一是该地区的土地利用价值的提升，从而使得该地区的企业竞争能力增加，引起了福利水平的改善；二是该地区的土地空间资源开发强度增加，对居民或者企业的选址行为产生影响。

交通承载系统所带来的地区交通可达性的变化会使得该地区土地利用性质发生变化，但需要指出的是，从交通承载系统对于空间活动的作用和影响过程来看，对于一个地区可达性的衡量必须将其放置在包括起点、终点、途径、方式、活动意愿等完整的要素范围内来进行衡量和说明，因此，交通承载系统中的硬件基础设施和运输组织技术以及运输效率等要素均会对可达性产生直接的影响。一个地区可达性的优劣不仅体现在其具有的与周边相衔接以及联系的硬件交通基础设施规模上，同时还应考虑出行活动对于交通方式的偏好以及对于交通成本的负担情况，当一个地区的交通硬件设施非常发达但其交通成本过于昂贵时，其交通可达性也并不会相应的优于其他地区，同样，对于交通方式的选择则很大程度上取决于出行者的主观偏好以及对于出行时空距离的认识能力，在不同的交通方式前提下，由于不同的出行距离所对应的最佳交通方式不同，地区的可达性在体现过程中也会呈现出不同的结构特点。

在相同的出行活动范围内，当只有一种单一交通方式并且基础设施的分布密度基本均匀时，地区的可达性范围会呈现较为单一的圆形结构［图 5-2a)］；而当出行活动的范围开始扩大，不同方向的基础设施呈现出不同的密度和服务能力，同时交通系统也不仅仅由一种交通方式构成时，该地点到达周边地区某一方向上可达性的高低则取决于该方向上交通设施的密度、规模、效率等因素，同时还需要考虑不同出行距离内对于交通方式选择的影响，因此，可达性的空间范围会呈现不规则的“等值线”分布[图 5-2b)],在这个等值线范围内,其土地资源则具有相同的可达性,因而具有相同的交通区位优势,进而带来相同的土地利用需要。

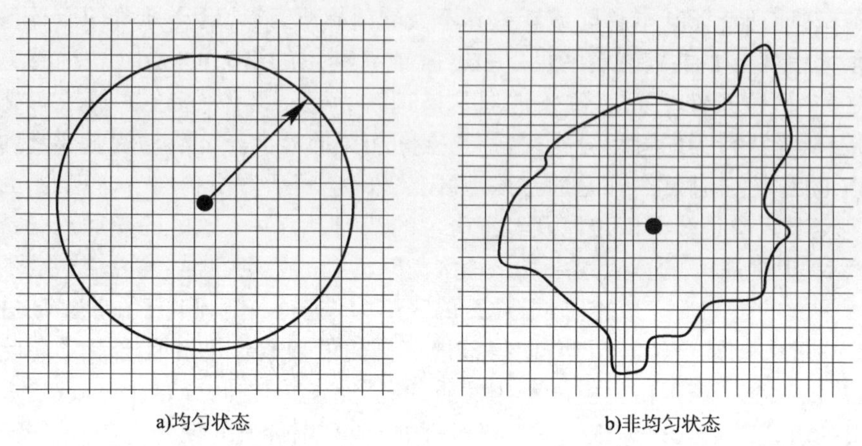

图 5-2　不同基础设施服务条件下的可达性表现形式

5.2.2　可达性的测度方法

交通网络可达性反映了城市各空间单元居民利用交通系统实现空间位移的便利程度,体现出居民出行的难易程度和交通基础设施的使用程度,可达性水平高低与土地利用性质、交通设施状况、交通需求和个体特征相关。现有可达性研究以这几种因素为依据,形成空间阻隔模型、累计机会模型、空间相互作用模型、效用模型、时空约束模型等能反映可达性的评价模型[65]。根据对可达性的定义、应用目的以及相应评价方法包含要素的类型不同,上述可达性计算方法大致可以分为以下三类。

5.2.2.1　基于交通基础设施的度量方法

该类方法强调对交通基础设施特性和服务水平进行度量,可达性常用道路运行速度、拥挤度、空间距离等交通工程参数来表达,空间阻隔模型便是典型的基于交通基础设施的可达性度量方法。

具体来讲,空间阻隔模型将可达性定义为克服空间阻隔的难易程度,通常将交通网络的两个节点的空间阻隔作为可达性的度量指标,即阻隔越小,可达性越好。该模型以交通网络为分析对象,能简单直观地反映交通网络节点的空间位置和拓扑信息,不足之处是仅考虑与交通基础设施相关的内容,忽略交通需求和土地利用特征对可达性的影响。

5.2.2.2 基于土地利用和交通需求的度量方法

该类方法从衡量土地利用和交通需求的空间分布状况出发,认为可达性不仅与交通网络节点之间的空间阻隔有关,而且与起点或终点规模的大小、土地利用性质和个人需求有关。该类方法中空间相互作用模型、累积机会模型是比较成熟的可达性评价模型。

空间相互作用模型以终点的潜力规模、时间阻抗为参数来度量起点可达性,综合考虑了空间相互作用模型综合考虑了起点、终点之间可能联系的机会和空间距离对节点可达性的影响,能反映各交通网络节点与其他节点相互作用过程中获得的机会,缺点是只考虑了其他节点的吸引力,忽略了自身的交通需求。

累积机会模型用距离起点一定时间(路程)范围内可获得的机会(或“活动点”)的数量累计值来表征起点可达性,能直接灵活地反映节点到达一定区域内的活动机会数量,不足之处是没有考虑节点与其他节点的空间关系,在设定时间(路程)阈值上比较主观。

5.2.2.3 基于效用的度量方法

该类方法以经济效用理论为基础,考虑了居民进行空间位移活动带来经济效用对交通可达性的影响,效用模型和时空约束模型均是典型的考虑经济效用的可达性度量模型。

效用模型基于随机效用理论,假设所有出行目的地对出行者都会产生直接的或间接的效用,出行者在充分比较各区域间效用差别的基础上选择效用最大值的地方作为出行目的地[65]。该模型借用非集计模型的相关理论,多用于边际收益的研究分析中。

时空约束模型以个体为评价单元,通过衡量个体在特定时空约束下能到达到的时空区域范围来表征可达性水平。该模型以时空约束来表示个人活动的空间和时间特性所引起的对活动选择产生的限制,用时空棱柱则来表示个体的特定的时空约束下可能存在的活动空间,给出了个体时空约束条件下可获取机会的分布状态,能反映出个体出行的多样性。

综合比较上述三类可达性评价方法,可以看出各类方法针对可达性的考察侧重点和适用范围具有明显差别。基于交通基础设施的可达性评价方法以交通网络的技术特性为研究对象,重点考察交通网络空间特性对各网络节点之间或单元之间空间联系的影响程度;基于土地利用和交通需求的可达性度量方法兼顾了空间距离和土地利用及交通需求的空间差异分布对空间联系程度的双重效应,重点考虑了土地利用功能和交通需求规模对可达性产生的直接影响;基于效用的可达性度量方法加入了“效用”概念,较为全面地考虑交通基础设施、土地利用情况、交通需求规模、个体特征对交通出行的多方面影响,重点从经济或社会效用的角度度量可达性效果。

由于本书研究对象是城市道路交通网络,对其可达性的度量更倾向于通过考察交通网络技术特性对空间联系的影响来衡量交通出行的难易程度,综合考虑上述各类可达性评价方法的适用性,本书选择空间阻隔模型作为可达性度量的基本方法。

基于空间阻隔模型可达性定义中,它表征空间阻隔的难易程度,与空间阻隔呈反比关系,即空间阻隔越小,可达性越好。1971 年 Ingram 认为,交通网络中两个节点间的空间阻隔是相对空间阻隔,在此基础上提出综合可达性概念,指出综合可达性是相对可达性的集成。可达性空间阻隔模型如下:

$$A_i = \frac{1}{J}\sum_{j \in J-i} d_{ij}$$

或 (5-2)

$$A_j = \frac{1}{I}\sum_{j \in J-j} d_{ij}$$

式中,i、j 分别表示网络起点和终点;I、J 分别表示起点集合和终点集合;A_i、A_j 分别是 i 和 j 的综合可达性;d_{ij}则是 i、j 之间的空间距离。

上述可达性模型的关键指标是空间距离 d_{ij},而反映交通网络特性的指标不仅与空间距离有关,而且与路网速度、路径选择息息相关,因此需要对上述模型进行修正,从而增加该模型的合理性。本书选用起点、终点之间的时间距离(距离与速度的函数)对空间阻隔模型进行修正,相应地,基于最短时间距离的可达性模型表达公式如下:

$$A_i = \frac{1}{J}\sum_{j \in J-i} T_{ij}$$

或 (5-3)

$$A_j = \frac{1}{I}\sum_{j \in J-j} T_{ij}$$

式中,i、j 分别表示网络起点和终点,I、J 分别表示起点集合和终点集合;A_i、A_j 分别是 i 和 j 的综合可达性;T_{ij}为 i 点到 j 点的最短时间距离,可用 Dijkstra 最短路径算法求得。

利用 Dijkstra 最短路径方法,根据式(5-3)可以获得交通网络中各个节点的可达性值。但是在实际应用中,由于网络节 点和路段规模较多,原始的计算手段已经无法满足大容量空间数据的快速化运算,需要借助智能化工具予以解决。而随着用于空间信息处理的计算机软件——地理信息系统(GIS)技术的快速发展,为交通运输相关研究提供了新的工具。GIS 的分析功能中,网络分析在交通运输研究的应用最广泛,涵盖了 O-D 成本矩阵构建、最短路径查询、多路径配送、服务区划分、位置分配、最近设施点寻找等多个方面。

在可达性指标度量中,GIS 可以通过构建 O-D 成本矩阵来统计每个节点的可达性值,即创建基于时间成本属性的网络数据集进行网络分析从而获得 O-D 成本矩阵。一般而言,基于 GIS 网络分析的可达性度量遵循以下 4 个环节:

(1)依托 GIS 软件平台,对道路交通网络栅格图进行空间配置和矢量化,提取出道路网络路段、交通小区、节点等要素数据。

(2)根据各路段的等级属性赋予每个网络路段一定的长度和速度从而获得每一路段的时间成本。

(3)构建包含节点和路段的网络数据集,运用网络分析模块进行基于时间成本的 O-D 成本矩阵分析,获得每个独立节点的可达性值。

(4)利用全部节点的可达性值进行空间插值,获得整个城市可达性分布格局。

城市交通网络可达性评价流程如图 5-3 所示。

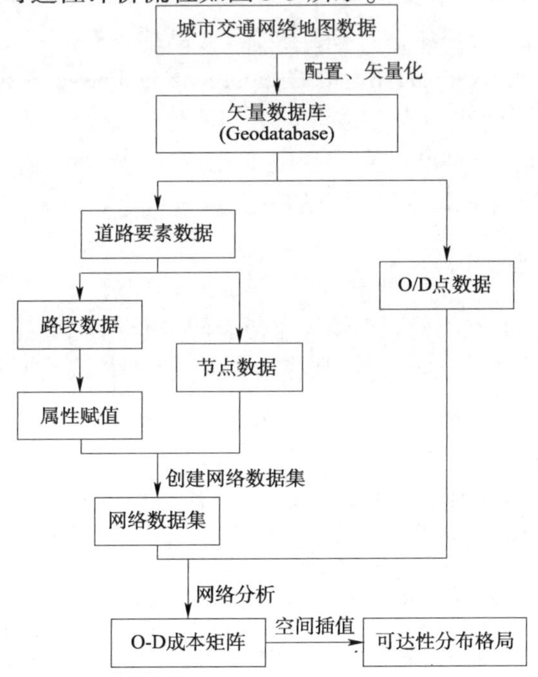

图 5-3　基于 GIS 的可达性评价模型流程图

5.3 交通承载系统效用模型的宏观实例

5.3.1 总体设计

可以认为,在综合交通网络不断完善优化以及交通科技技术不断进步的背景下,交通承载系统的发展进入了以时间效益(机动性)和空间活动的便利性(可达性)为主要效用衡量标准的时期❶,由于交通承载系统在其空间网络构建过程中的结构非均衡性和运输资源组织差异性使得地区内的空间运输联系能力和交通优势条件不尽相同❷,因此,选取合适的指标和方法来描述交通系统承载能力的改善及其带来的空间扩张形态的变化特点具有一定实证意义。

在未来预期内,交通运输需求的快速增长和国民经济不断发展的要求使得国家交通体系还将处于快速建设的阶段,而国家层面的建设规划对交通基础设施网络具有明显的指向性推动作用。鉴于此,本书在国家现行的高速公路规划、(高速)铁路规划、民航规划的基础上,选取国家综合交通网络现状水平(2010 年)以及目前国家已经编制完成并落实执行的各种交通方式规划所延伸的普遍年限(2020 年)两个时间截面为研究对象,对由高速公路、(高速)铁路及民航三种交通方式组成的国家快速交通网(National Rapid Comprehensive Transport Network, NRCTN)的现状(2010 年)及规划(2020 年)的网络结构和空间分布特点进行计算和对比分析,通过省会城市以及典型城市交通网络变化带来的空间可达性变化来说明交通承载系统改变对城市化地区空间形态的改变效应。

5.3.2 对象说明

20 世纪末以及 21 世纪初,国家综合交通网中长期发展规划❸、国家高速公路网规划❹、国家民用机场布局规划❺、国家中长期(高速)铁路网规划❻、国家公路运输枢纽布局规划❼相继制定并实施。根据规划目标:到 2020 年,20 万人口以上城

❶ 金凤君. 我国航空客流网络发展及其地域系统研究[J]. 地理研究, 2001, 20(1): 31-39.
❷ 王姣娥. 中国铁路客运网络组织与空间服务系统优化[J]. 地理学报. 2005, 3:371 ~ 380.
❸ 国家发展和改革委员会. 国家综合交通网中长期发展规划[R],北京:国家发展和改革委员会,2007.
❹ 中华人民共和国交通运输部. 国家高速公路网规划[R],北京:中华人民共和国交通运输部,2006.
❺ 中国民用航空局. 国家民用机场布局规划[R],北京:中国民用航空局,2007.
❻ 中华人民共和国铁道部. 国家中长期(高速)铁路网调整规划[R],北京:中华人民共和国铁道部,2008.
❼ 中华人民共和国交通运输部. 国家公路运输枢纽布局规划[R],北京:中华人民共和国交通运输部,2007.

市、沿海主要港口及口岸有高速公路连接;高速铁路网将覆盖50万人口以上城市;直辖市、省会城市、沿海发达城市、部分内陆偏远城市及重要旅游城市等有民用航空线路连接;形成横纵方向上的综合运输通道以及支持国家典型经济区域发展的局部支撑性综合交通网,高速公路、(高速)铁路及民航将覆盖全国90%以上的人口。以上国家宏观层面规划将按照经济发达程度和交通需求差异,在满足网络整体可达性改善前提下,保障区域内和各个区域之间交通联系,以及对个性化及多样化运输需求具有较强适应性和充分的承载能力,实施地区差别化基础设施网络密度。根据国家经济区域划分、产业布局、区域运输联系等需要,中国国家快速综合交通网规划建设将分为主要运输通道建设、重点经济区建设及重要枢纽城市建设,表5-1分别从线网规模、节点数量等方面描述了2020年国家快速综合交通网的规划情况。

2020年中国国家快速综合交通网主要指标 表5-1

指标	数值	指标	数值
高速公路总里程(10^4 km)	8.5	公路主要枢纽数量(个)	179
铁路网总里程(10^4 km)	12	民航机场数量(个)	244
高速铁路总里程(10^4km)	5	铁路主要枢纽数量(个)	79
国家级主要综合枢纽数量(个)	42		

5.3.3 节点及数据选取

以国家快速综合交通网对其可能直接产生影响的城市作为网络评价节点,同时考虑快速交通网主要服务对象为客运,以人口为辅助筛选条件,对根据国家高速公路网规划、国家中长期(高速)铁路网规划、国家民用航空机场布局规划中涉及的国内城市对象进行合并,选取条件如下:

(1)选取具有高速公路、(高速)铁路及民航三种交通方式中两种及以上方式的节点城市,其中包括位于某一周边有机场城市的机场覆盖范围(1h)以内的城市。

(2)省会城市。

(3)位于国家8个主要经济区及10个主要运输通道内部的主要城市❶。

(4)人口规模在20万人口以上的城市。

最终确定国内的北京、西安、广州、上海等71个节点城市(见附表1)作为主要计算评价对象,如图5-4所示。

---

❶ 国家8个主要经济区是指:环渤海经济区、关中经济区、成渝经济区、长株潭经济区、长三角经济区、珠三角经济区、中原城市群、武汉都市圈。10个综合运输通道是指:南北沿海运输大通道、满洲里至港澳台运输大通道、包头至广州运输大通道、京沪运输大通道、临河至防城港运输大通道、西北北部出海运输大通道、青岛至拉萨运输大通道、陆桥运输大通道、沿江运输大通道、上海至瑞丽运输大通道。

图 5-4　中国快速综合交通网 71 个主要节点评价城市布局图

5.3.4 结果及分析

结合分方式节点距离矩阵，通过设定各交通方式速度及网络节点平均换乘时间，计算系统内各节点的单一方式出行时间，分别计算节点单位出行时间 T_i、系统整体出行时间 T 和节点综合可达性系数 CA_i。本算例中，假定高速公路行驶速度为100km/h，民航平均运行速度为850km/h，铁路则根据不同节点间开行的高速铁路、动车组、快速铁路、普通铁路线路不同，分别假定速度为350km/h，200km/h，160km/h，100km/h，为简单处理，假定各方式的节点换乘时间为0h，根据现有交通方式分担率确定权重，暂不考虑预期交通方式分担率变化，本算例使用的各权重参数值根据2010年各种交通方式所完成的运输量比重情况来计算，(高速)铁路、民航及高速公路出行所占权重如下：$\alpha=0.1691$，$\beta=0.0256$，$\gamma=0.8053$。

5.3.4.1 省会城市的 T 及 T_i 值比较

选取基础节点城市集中的全国省会城市进行整体网络评价，计算其节点综合单位出行时间和系统综合整体出行时间(图5-5)，结果显示，较2010年相比，2020年国家快速综合交通网将极大地缩短系统整体出行时间，全国31个省会城市的系统综合整体出行时间 T 将由20770.86h缩短至10672.4h，收缩幅度达53.13%。现状及规划的国家快速综合交通网将使得以郑州为全国交通中心的网络辐射圈层进一步收敛，同时国家横向交通网络改善效果明显，由于未来预期综合交通基础设施资源配置逐渐由国家东部向中西部地区偏移(以民航为例，根据中国民用机场布局建设规划，未来预期至2020年，中国北方机场群、华东机场群、中南机场群和西北机场群将分别新增机场24个、12个、14个和26个)，使得网络等时间圈层线由纵向轴突出逐渐向横纵均衡的方向发展。

从网络中单个城市节点的综合单位出行时间 T_i 变化情况看，各城市单位出行时间缩短明显(图5-6)，重庆等西部地区变化将最为明显，东北地区则收益幅度相对较小，提示交通资源的配置偏移对城市交通优势水平的直接影响有所差异。

5.3.4.2 依据国家省会城市的节点 CA_i 值比较

节点可达性系数变化提示网络改变的情况下系统各节点的相对区位优势改变情况，依据综合评价模型对省会城市的综合交通可达性进行计算，计算结果显示2020年国家规划建设的快速综合交通网将对部分城市的相对交通便利性有所影响(图5-7)。将计算得到的现状及规划的省会城市 CA_i 进行排序，并将其前后排名的变动情况汇总(表5-2)，可以看到，重庆、贵阳等12个城市的可达性有所改良，其中重庆由原来的排名20位上升为13位，上升幅度为7，提示其交通网络优势改善最为明显，杭州、合肥等9个城市的排名没有变化，其可达性水平保持不变，同时注

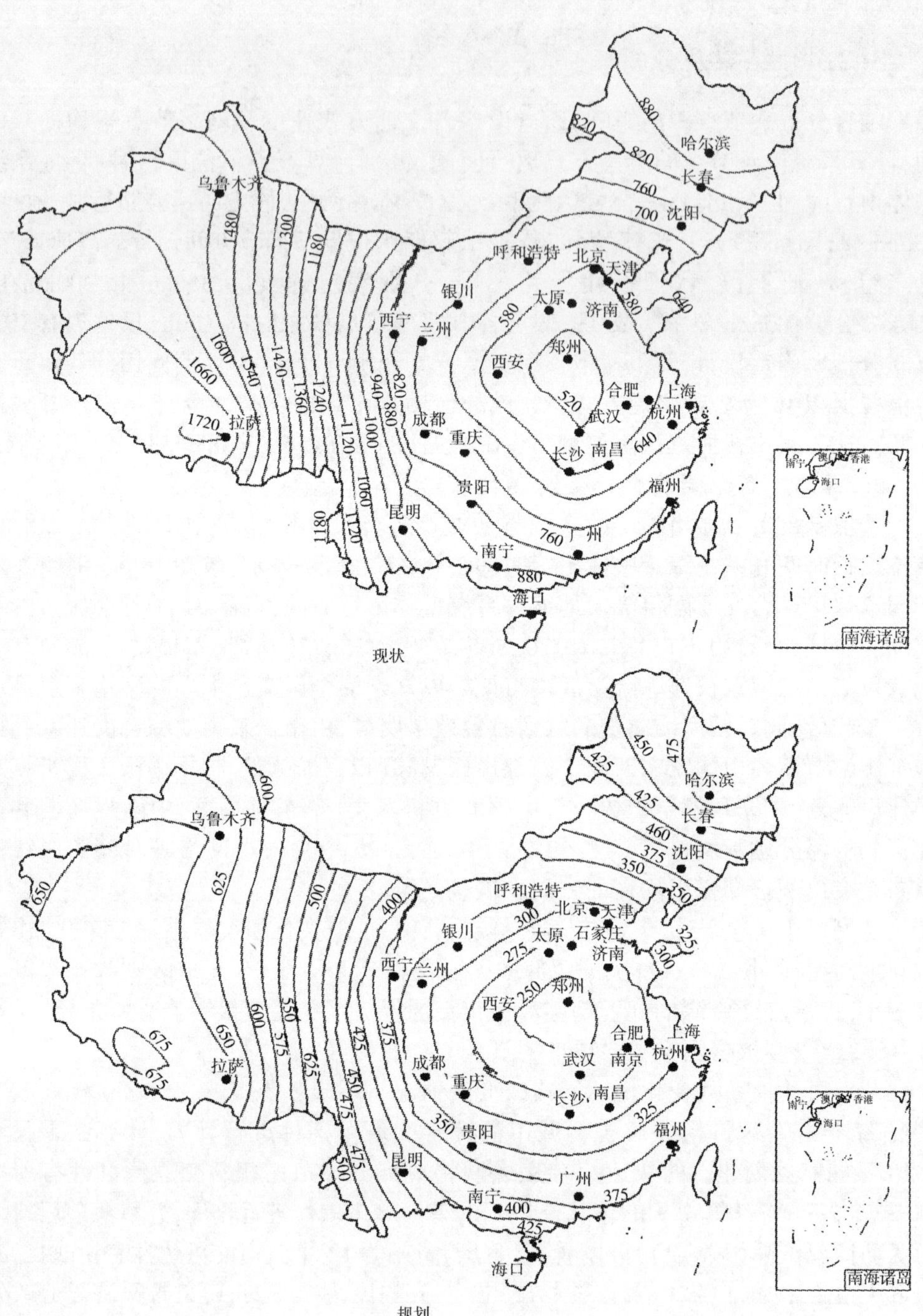

图 5-5　省会城市系统综合整体出行时间等值线对比示意图

意到哈尔滨等城市的可达性水平发生了下降,计算分析结论提示,尽管此结论不能说明这些城市的绝对交通情况的改善,但随着网络的不断完善,原有的中国非中心城市改善情况明显,北京、上海、广州、杭州、郑州等城市的相对区位优势变化则不明显甚至出现了弱化趋势。

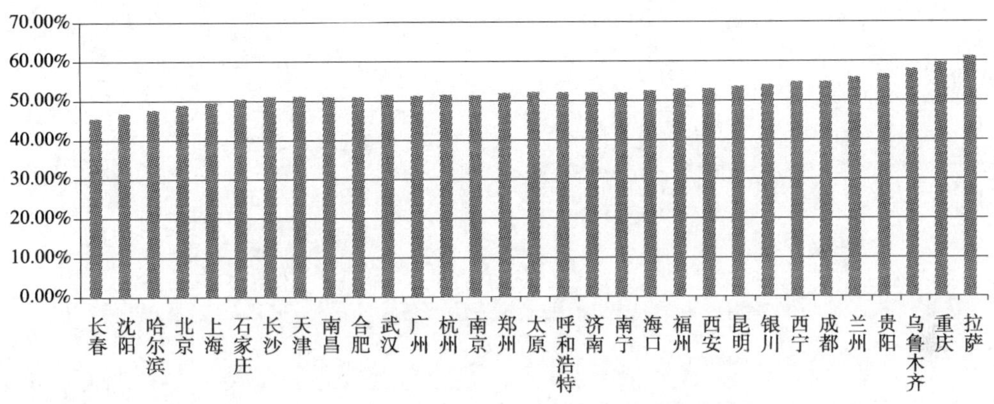

图 5-6 单个节点城市综合单位出行时间缩短比例示意图

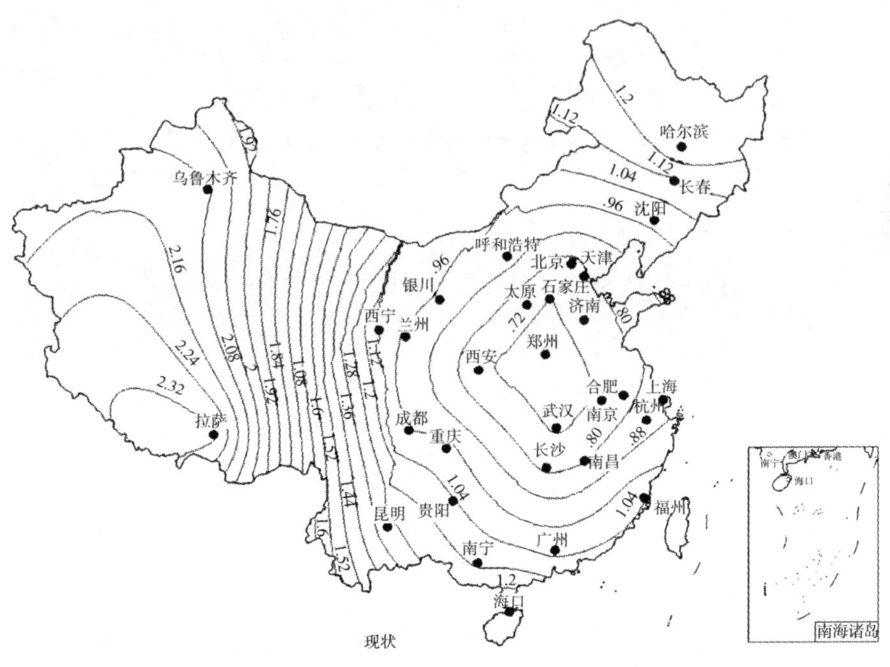

图 5-7

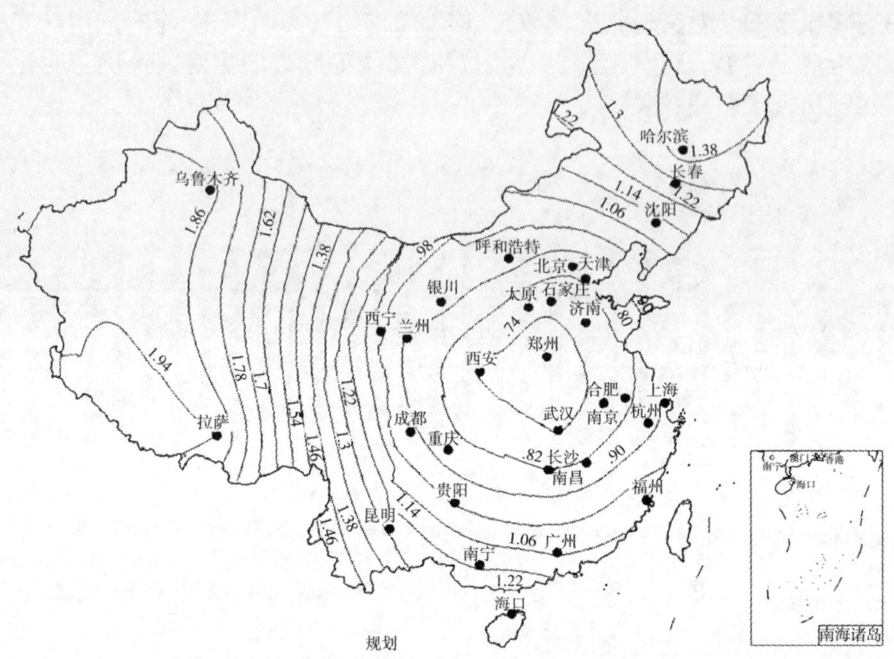

图 5-7 省会城市节点综合可达性等值线对比示意图

省会城市节点综合可达性系数排名变化表 表 5-2

区位变化类别	城市及区位变化幅度
可达性改良	重庆(-7)、贵阳(-4)、南昌(-2)、西安(-2)、成都(-1)、福州(-1)、海口(-1)、昆明(-1)、兰州(-1)、南京(-1)、西宁(-1)、长沙(-1)
可达性不变	杭州(0)、合肥(0)、济南(0)、拉萨(0)、南宁(0)、太原(0)、天津(0)、乌鲁木齐(0)、郑州(0)
可达性下降	哈尔滨(1)、石家庄(1)、武汉(1)、银川(1)、长春(1)、广州(2)、上海(3)、北京(4)、呼和浩特(4)、沈阳(5)

5.3.4.3 典型城市的节点 T_i 值比较

选取北京、西安、广州三个城市作为典型评价城市，计算以其为中心的全国省会城市节点子集的 T_i 值，并依据其绘制等值线（图 5-8），通过对比说明国家快速综合交通网的预期变化对城市可达性带来的影响。

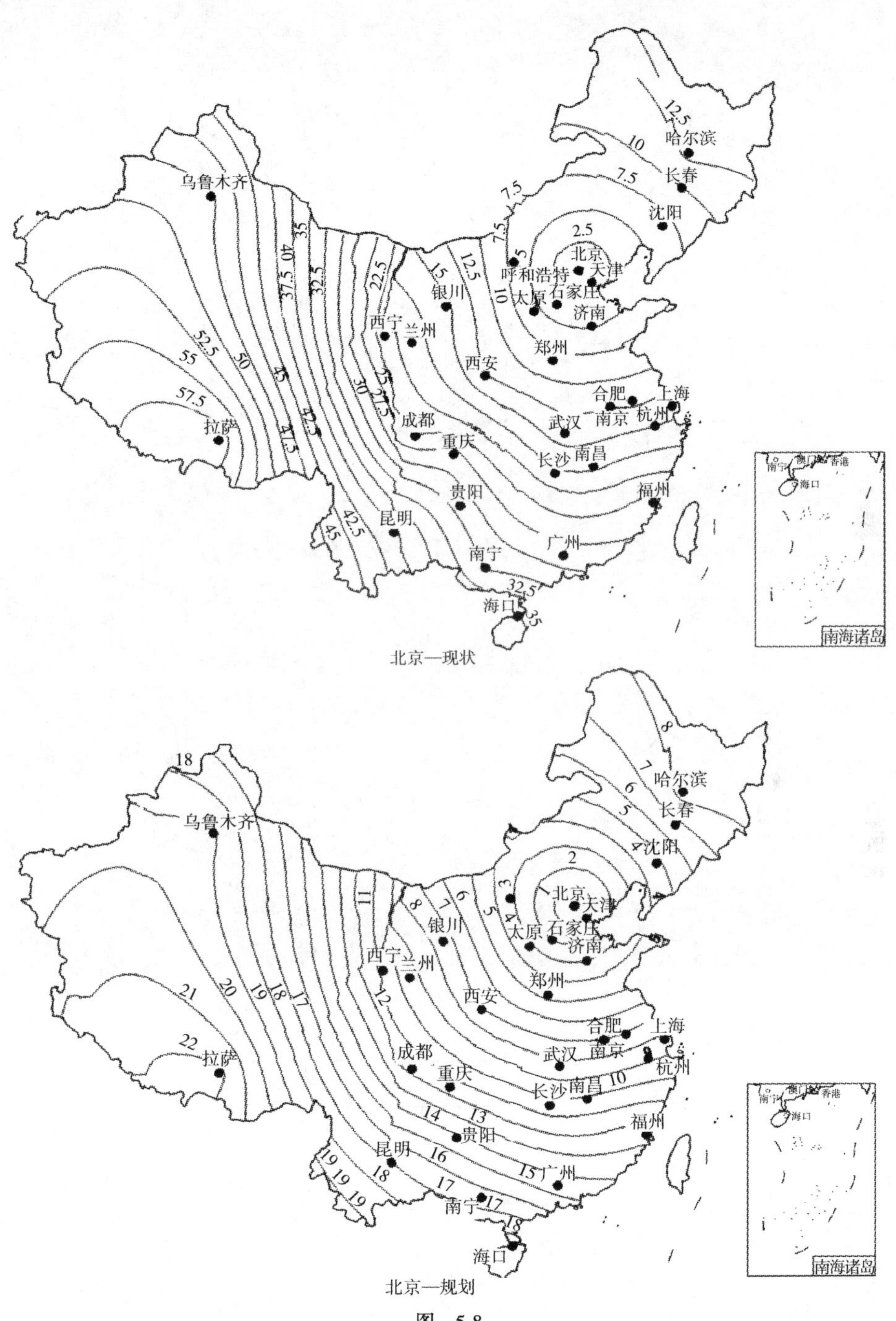

北京—现状

北京—规划

图 5-8

乌鲁木齐
哈尔滨
长春
沈阳
呼和浩特
北京
天津
银川
太原
石家庄
济南
西宁
兰州
西安
郑州
合肥
上海
拉萨
成都
南京
杭州
武汉
重庆
长沙
南昌
贵阳
福州
昆明
广州
南宁
海口
南海诸岛
西安—现状
西安—规划

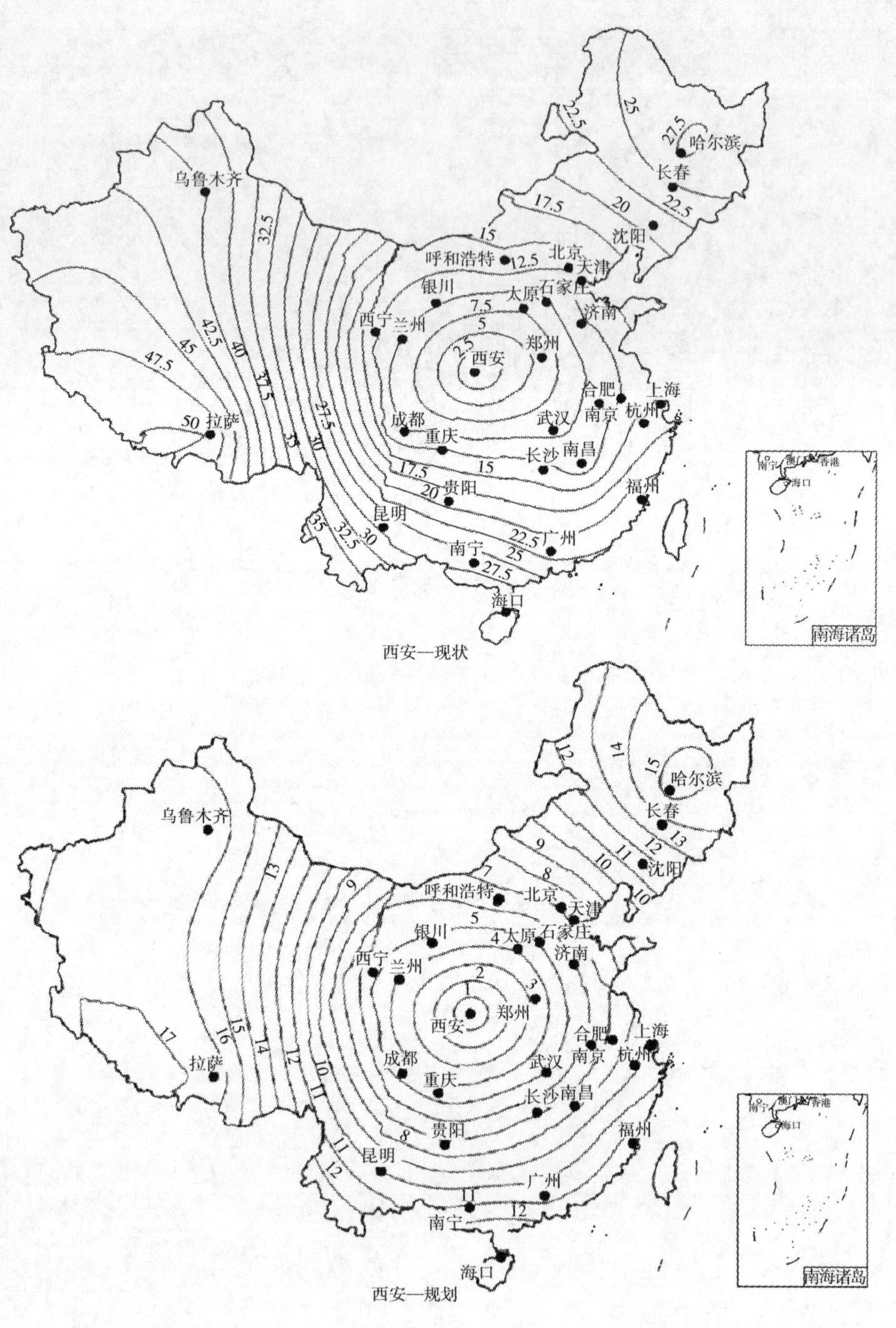

图 5-8

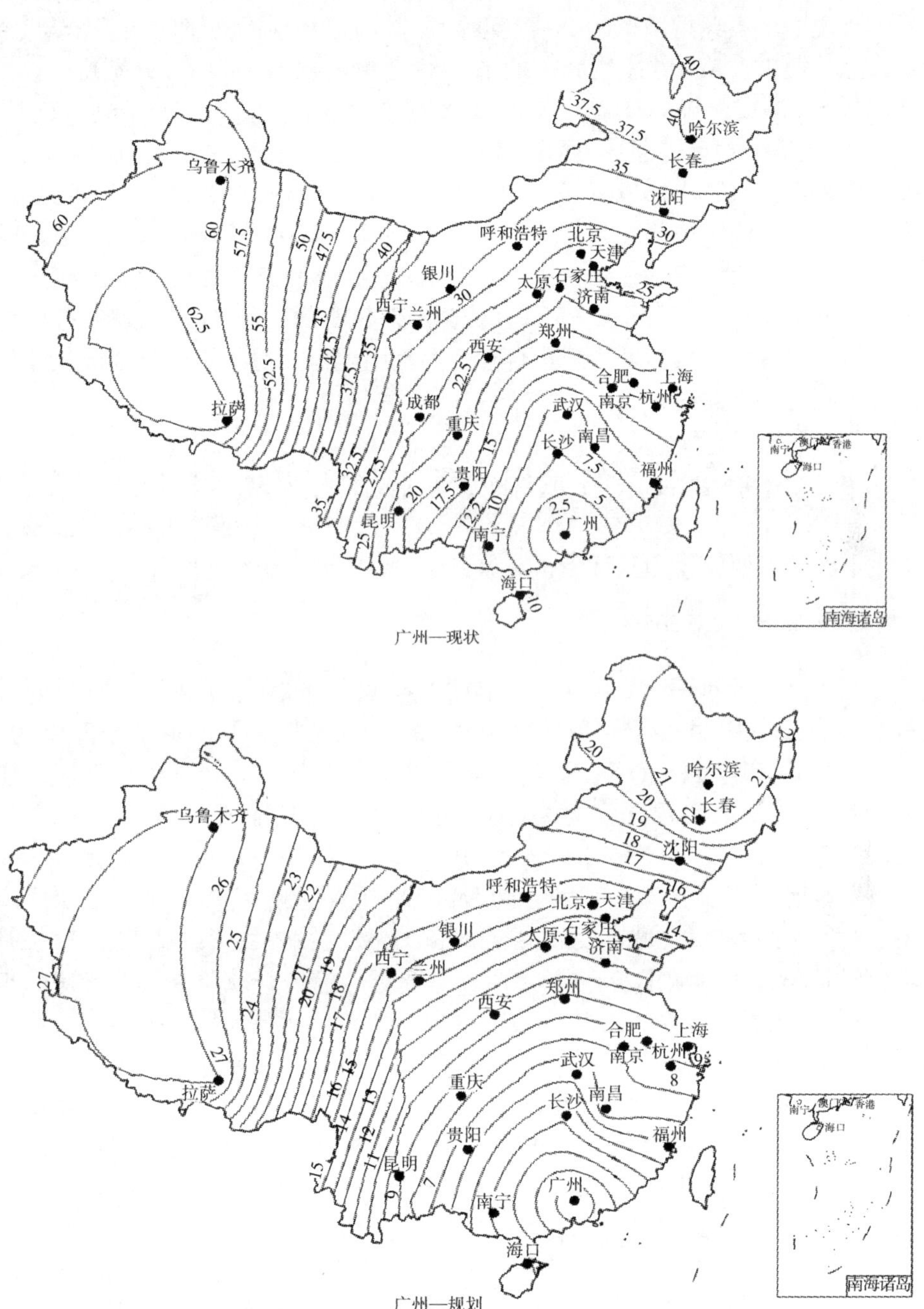

图 5-8 典型城市节点综合单位出行时间等值线对比示意图

结果说明中国典型城市的交通空间区位格局受基础设施影响明显，现状结果显示，北京、西安、广州到其他城市的节点综合单位出行时间 T_i 分别由 567.3h、536h、746.5h 缩短为 289.6h、252.5h、362.6h。3 个城市的等时间线分别沿京九、陇海、京广等国家典型运输通道方向优势偏移，而规划预期以 3 个城市为中心的可达性圈层则显示其将基本形成趋于均匀分布的等时间结构；与北京、西安相比，广州所形成的可达时间等值线在东南沿海地区时间收缩将更为明显，珠三角地区的交通网络预期效果将优于其他辐射方向；提示国家综合快速交通网的建设将进一步改善典型城市的空间辐射作用，实现其作为经济核心的均匀性辐射，这一基础设施改良将使得原有处于典型城市周边合理距离范围内但交通网络区位优势较差的城市能够得到进一步的改善。

5.4 交通承载系统效用模型的微观实例

本书在此以西安市为实证分析对象，进行效用模型的微观实例验证。

5.4.1 对象说明

从都市区的尺度看，当前西安都市区的空间分布形式为“西安、咸阳分别为主核心和副核心，以主要交通线为放射轴”的“放射型”多圈层城市空间结构，其中多圈层涵盖了城市核心层、紧密层、辐射层和影响层四个城市影响力逐级递减的环状圈层结构，各圈层之间通过若干主轴和次轴连接而成，共同带动西安都市区发展。

西安城区作为都市区空间发展主核心，其空间发展始终遵循单中心圈层式向外拓展的发展路径，目前城市发展主要以三个环路为分界线形成城市的三个圈层。一环(环城路)以内为城市核心层，是西安市商贸、金融、行政服务行业发展的集聚区域，城市用地的均质程度较高，该圈层的主要功能为商住混合区；介于一环与二环之间的城市用地为城市空间紧密层，该圈层靠近市中心，是城市居民生活和商业服务紧密发展区域，基础设施建设水平较高；介于二环与三环之间的城市用地受核心层和紧密层的辐射影响，土地利用性质普遍完成由农业用地向城市建设用地转变，高新技术产业、文化教育产业在该圈层密集分布，并随着人口郊区化程度的加深，居民住宅用地及其相应的配套设施也得到大幅度开发建设；随着城市空间相外围拓展，一些城市活动向三环以外延伸，该圈层的土地资源也得到相应地开发，但与三环以内相比，产业活动和居民生活的空间分布相对零散，整个外围区域的城市发展还处于较低水平。

西安市的空间圈层结构决定了整个城市的空间等级结构,各圈层的发展规模也对城市发展规模起到界定作用。从发展水平来看,三环以内的城市空间发展逐渐趋于成熟,城市功能也比较完善,作为西安市主城区对城市发展具有举足轻重的影响。因此,本书将主城区界定为研究区域并通过测算主城区路网交通效率来分析城市交通基础设施状况对整个城市空间的影响。西安市主城区城市道路采用"棋盘、环状 + 放射"的发展模式,逐渐形成以东西、南北两大轴,以一环路、二环路和三环路为三环,以太白路、太乙路、咸宁路、华清路、太华路、朱宏路、大兴路、昆明路八条路为放射路和绕城高速公路组成的"三纵三横三环八辐射一绕城"的城市道路网空间结构,为城市人口密集、社会活动活跃、交通需求量的城市主城区提供道路基础设施服务。

利用地理信息处理软件 Arcgis10.0 对主城区道路网现状扫描图进行栅格配准和矢量化处理,提炼出西安市主城区路网结构图,并根据功能不同将道路分为快速路、主干道、次干道、一般道路四个等级(图 5-9)并计算各级道路规模(表 5-3)。

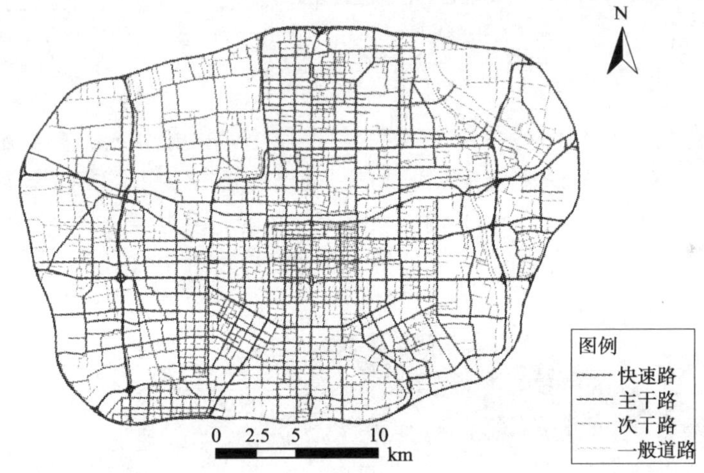

图 5-9 西安市主城区路网现状图

西安市主城区各等级道路规模 表 5-3

道路等级	快速路	主干路	次干路	一般道路	总计
规模(km)	304	506	402	964	2176

本书以快速路、主干路、次干路组成的网络为分割界线,利用 GIS 软件将西安市主城区划分成 202 个交通小区(图 5-10),并作出如下假设:每一个交通小区均是交通需求的起点和终点,小区内部具有要素均质性,即小区内任意位置到其他小区的空间距离或时间距离是相等一致的,把每个面状小区抽象成点状并将其作为特

征点,在可达性和机动性分析中充当交通小区的角色。

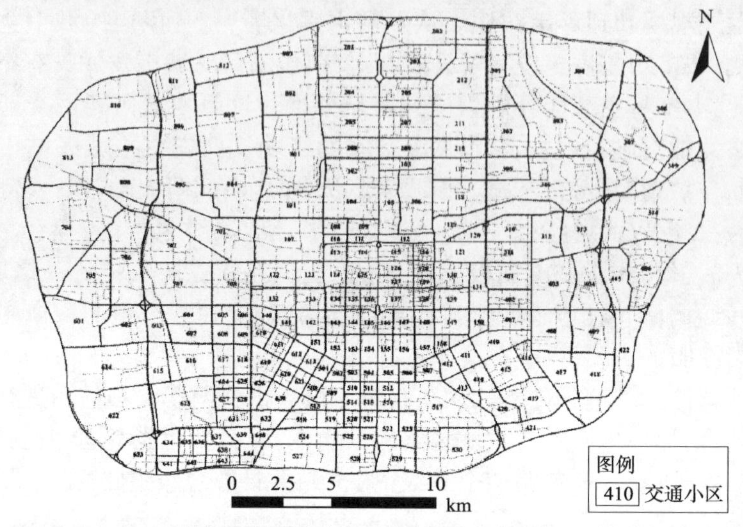

图 5-10 西安市主城区交通小区划分图

5.4.2 机动性评价

机动性分析同样利用各交通小区特征点、网络数据集分析,它与可达性的不同之处在于设定 10min 的时间阈值,利用 GIS 网络分析方法进行等时间面分析,从而获得表征每个特征点机动性的平均行驶速度,并通过克里金空间插值方法和等值线法获取机动性空间分布趋势和可达性等值线图,如图 5-11 所示。

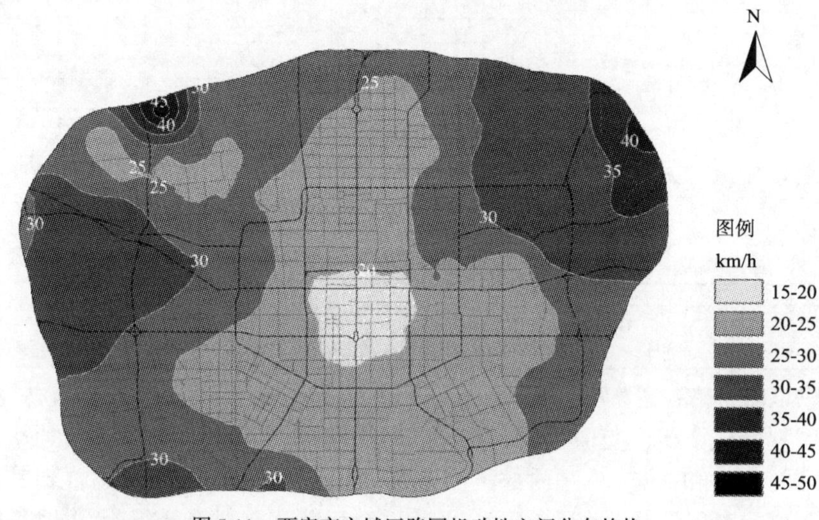

图 5-11 西安市主城区路网机动性空间分布趋势

从颜色和等值线数值的变化来看,颜色越深的区域平均行驶速度越大,表明该区域的机动性值越高,相应地,该区域通往周边区域的移动能力也越强,颜色越浅的区域则表明该区域通往周边区域的移动能力越弱。对于西安市而言,其机动性空间分布趋势可以从整体上反映主城区内不同区域的路网移动能力。

5.4.2.1 机动性区域差异明显

由图5-11可知,西安市主城区路网机动性空间分布差异明显,且分布趋势与可达性分布趋势相反,总体上呈现单中心向外递增的机动性分布趋势。从空间位置来看,机动性最低的区域分布在城市空间核心圈,平均出行速度不足20km/h,说明该区域交通出行的路网移动能力最弱;随着与核心圈层距离的增大,机动性值随之上升,在二环周围的大部分区域已经达到25km/h,该区域相应的路网移动能力也增强;在接近绕城高速的主城区边缘地带,出现几个机动性值"峰值点",尤其是位于城市东北角和西南角两片区域内的平均出行速度高于40 km/h,表明这些靠近绕城高速的区域充分利用了绕城高速快速移动的优势,是主城区内交通出行的路网移动能力最强的区域。

整个空间内,出现机动性总体变化趋势异常情况的区域位于主城区西三环与北三环相交点附近,这片区域的平均出行速度不足25km/h,是路网移动能力较弱的"洼地"区域。从土地利用功能的角度看,产生这种现象的原因可能是该片区域属于汉长安城遗址保护区,区域内的基础建设很大程度上受到土地用途影响,道路设计等级较低,普遍以一般道路和旅游道路为主,进而制约了路网运行速度。

5.4.2.2 南北轴线地区制约机动性提升

尽管机动性总体变化趋势是递增,但是其变化剧烈程度是不一致的。整个空间内的机动性变化程度是南北缓和、东西剧烈,特别是南北轴线沿线地区机动性变化极其缓慢。

在南北轴线的沿线地区,从城市核心圈外围(一环)到辐射圈外围(三环)的大部分区域,平均出行速度为20~25km/h,机动性处于相对稳定的状态,与城市空间的圈层式变化格格不入。从路网规模的角度看,产生这种格局的原因是与东西方向相比,尽管南北轴线沿线地区的路网覆盖相对密集,但区域内设计速度低的一般道路建设规模远大于其他道路等级的建设规模,降低了路网平均移动能力。

5.4.3 可达性评价

按照本书前文中基于GIS的可达性评价模型流程,构建由道路网络边和节点组成的西安市主城区道路网络数据集,分别以各交通小区特征点、网络数据集为起讫点和网络要素,利用GIS网络分析方法进行O-D成本矩阵分析,从而获得表征每个特征点综合可达性的平均最短时间距离值,并通过克里金空间插值方法和等值线法获取可达性空间分布趋势和可达性等值线图,如图5-12所示。

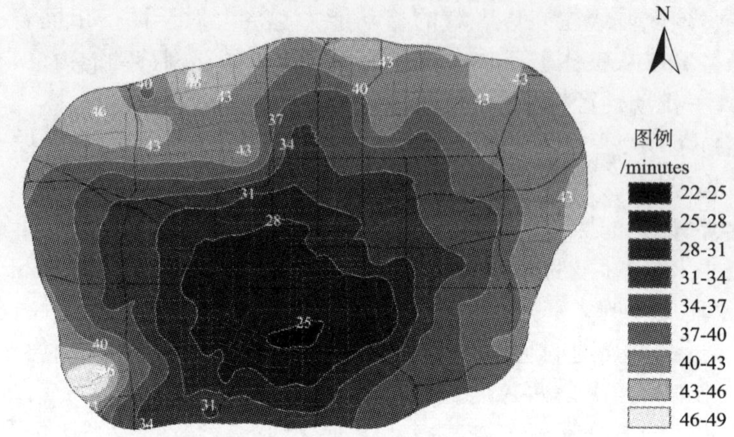

图5-12 西安市主城区路网综合可达性空间分布趋势

从颜色和等值线数值的变化来看,颜色越深的区域平均最短时间距离值越小,表明该区域的可达性值越高,相应地,该区域通往其他区域的便利程度也越高;颜色越浅的区域则表明该区域通往其他区域的便利程度越低。对于西安市而言,其平均最短时间距离值空间分布趋势可以从整体上反映主城区路网可达性空间特征:可达性呈单中心向外递减与可达性极高点产生偏移。

5.4.3.1 可达性区域差异明显

由图5-12可以看出,西安市主城区路网综合可达性区域差异明显,呈单中心向外递减趋势。整个区域内,可达性最高值的区域只有一个,且随着与该区域距离的增大,其他区域的可达性值逐渐减少,呈现单中心向外递减的分布格局。因此可以判断出在主城区存在一个且只有一个区域与空间内其他区域的空间联系便利程度最高,其平均最短时间距离小于25min,其他区域的空间联系便利程度随着与核心区域的距离增大而降低,这种分布格局与西安市单中心的城市空间发展格局具有趋同性。

尽管可达性由内及外是递减的,但递减趋势极不均匀。可达性值在极高值区域西南、西北两个方向上的变化尤为剧烈,而在其他方向上的递减趋势较为缓和,由此在西南、西北两个方向上分别形成两个可达性“洼地”,这两个“洼地”的与可达性极高值区域的平均最短时间距离差距均大于21min,是主城区内通达能力最弱的区域。

5.4.3.2 可达性极高点与城市几何中心错位

可达性分布趋势与城市空间发展格局具有趋同性,但并不代表两者空间形态的完全吻合。分别提取城市空间的几何中心和可达性最高区域的重心即可达性极高点(图 5-13),可以发现可达性极高点与城市几何中心存在明显错位。

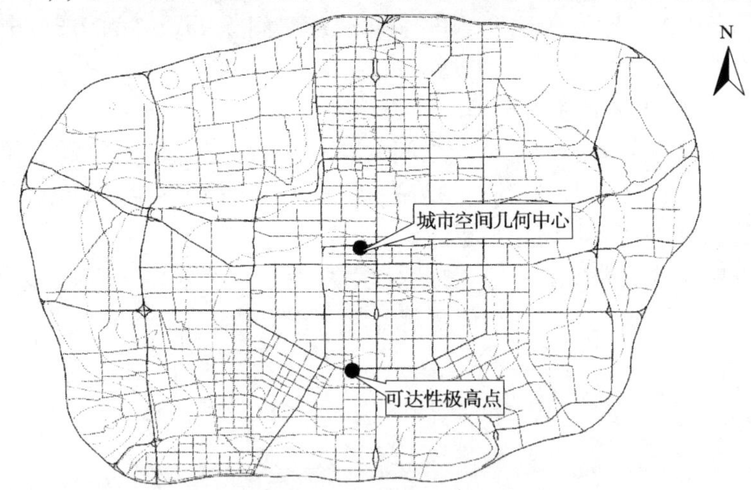

图 5-13　可达性极高点与城市空间几何中心错位图

进一步测量可达性极高点与城市空间几何中心的距离,可达性极高点向南偏移约 6.28km,导致主城区路网可达性分布趋势整体向南偏移。从路网空间覆盖程度来看,产生如此偏移的现象可能是由以下原因造成的:与北部区域相比,主城区南部区域的道路基础设施相对完善,该区域的路网密度也较高,为提高网络通达能力创造了良好条件,从而提高该片区域可达性整体水平。

5.4.4　机动性与可达性的空间分异分析

通过前文可达性和机动性的 GIS 分析,可达性和机动性空间分析很好地体现出路网通达能力和移动能力存在空间差异以及相应的空间变化趋势,但就其研究深度来讲,上述分析更多停留在西安市主城区整体层面上把握可达性和机动性的总体变化,而对可达性和机动性的空间差异程度定量化测算和城市内部交通小区之间的差异表达略显不足,因此需要利用相关方法度量各空间单元之间的关联性和异质性。从量化角度识别出空间单元某一属性的空间分布差异性特征,空间自相关形成检验空间单元之间的属性值是否存在显著关联的重要指标。空间关联性的根本出发点基于地理学第一定律,即所有事物和现象在空间上都是关联的,距离越近,关联程度就越强,反之则越弱[71]。

要判断空间自相关是否存在,其切入点是利用探索性空间数据分析(简称 ESDA)识别与空间位置相关的数据间的空间关联度。ESDA 是以空间关联度测度为核心的一系列有关空间数据分析方法和技术的集合,它基于事物空间分布格局的描述和可视化来发现空间集聚和异常,进而揭示事物间的空间相互作用机制。在GIS环境下,ESDA的空间关联度测度主要涉及空间权重矩阵的构建、全局自相关系数计算和局部自相关计算三个方面。

5.4.4.1 构建空间权重矩阵

空间权重矩阵定义了空间单元之间的空间位置关系,是探索式空间数据分析的前提和基础。通过引入空间权重矩阵,可以直观地描述空间单元的空间分布及其相互关系,如邻接关系、拓扑关系等。

空间权重矩阵通常利用一个二元对称空间权重 W 来表达空间单元之间的邻接关系,其表达形式如下:

$$W = \begin{vmatrix} w_{11} & w_{12} & \cdots & w_{1n} \\ w_{21} & w_{22} & \cdots & w_{2n} \\ \vdots & \vdots & \vdots & \vdots \\ w_{n1} & w_{n2} & \cdots & w_{nn} \end{vmatrix} \tag{5-4}$$

式中,n 为空间单元数;w_{ij}为单元 i 与单元 j 的邻接关系,当 i 与 j 存在邻接关系时,$w_{ij}=1$,反之 $w_{ij}=0$。

空间权重矩阵邻接关系的确定,主要可以通过两种形式来实现:基于邻接规则的空间邻接关系和基于距离规则的空间邻接关系。邻接规则的空间矩阵以空间单元之间的二进制邻接思想为基础,空间邻接性由0和1两值来表达。该规则中,若空间单元之间存在非零长度的公共边界,则两者是相邻的,矩阵中相应的权重值赋值1,反之则为0。基于邻接规则的空间权重定义形式如下:

$$w_{ij} = \begin{cases} 1 & \text{单元 } i \text{ 与 } j \text{ 存在公共边界} \\ 0 & \text{单元 } i \text{ 与 } j \text{ 不存在公共边界} \end{cases}$$

基于距离规则的空间权重矩阵用不同空间单元质心之间的距离来衡量各单元的各单元之间的相互作用大小。常规的距离规则空间权重又可细分为基于阈值距离和基于最邻近数两种方式:

(1)基于阈值距离的空间权重矩阵。该方法给定一个距离阈值 d,若空间单元 i 与 j 之间的质心距离 d_{ij}小于 d,则相应空间权重值 $w_{ij}=1$,若质心距离 d_{ij}大于或等于 d,则相应空间权重值 $w_{ij}=0$。其定义形式如下:

$$w_{ij} = \begin{cases} 1 & d_{ij}\text{小于阈值 } d \\ 0 & d_{ij}\text{大于或等于阈值 } d \end{cases}$$

(2)基于最邻近数的空间权重矩阵。该方法给定一个最邻近数 k,根据比较空间单元 i 与 j 之间的质心距离 d_{ij}选择离各空间单元距离最近的 k 个空间单元,若空

间单元 j 属于空间单元 i 的 k 个最邻近单元，则相应的空间权重值 $w_{ij}=1$，若不属于，则相应空间权重值 $w_{ij}=0$。其定义形式如下：

$$w_{ij}=\begin{cases}1 & j\subseteq k\\ 0 & j\not\subset k\end{cases}$$

综合比较上述定义空间邻接关系的三种方法，基于邻接规则的空间邻接关系的判断标准简单，判断结果也比较客观；基于距离规则的空间邻接关系对距离 d_{ij} 和最邻近数 k 的设定比较灵活，但两者的实际界定过程中主观因素往往占据主观位置。因此，为了增强分析结果的客观性，本书选用基于邻接规则的空间邻接关系作为定义空间单元空间权重矩阵的基本手段。

5.4.4.2 全局空间自相关分析

全局自相关分析主要用来分析所有空间单元的分布模式及其属性值在整个空间内呈现出的总体分布态势，并验证各空间单元之间是否具有自相关性。用于表征全局空间自相关性的指标和方法有 *Moran'I*、*Getis'G* 和 *Geary'C*，其中 *Moran'I* 是全局自相关分析的常用指标，本书也选用该方法进行相关讨论。

Moran'I 在全局空间自相关分析中用来描述所有空间单元之间的评价关联程度、空间分布模式和显著性水平，可判定是否存在空间集聚特性。假设整个研究区域内存在 n 个空间单元，其 *Moran'I* 度量公式表述如下：

$$I=\frac{n}{\sum_{i=1}^{n}\sum_{j\neq i}^{n}w_{ij}}\cdot\frac{\sum_{i=1}^{n}\sum_{j\neq i}^{n}w_{ij}(x_i-\bar{x})(x_j-\bar{x})}{\sum_{i=1}^{n}(x_i-\bar{x})^2}=\frac{\sum_{i=1}^{n}\sum_{j\neq i}^{n}w_{ij}(x_i-\bar{x})(x_j-\bar{x})}{S^2\sum_{i=1}^{n}\sum_{j\neq i}^{n}w_{ij}} \tag{5-5}$$

式中，n 为样本数量；x_i、x_j 分别为 i 单元、j 单元的变量值；S^2 为样本二阶中心距；$\bar{x}$ 为所有单元均值；w_{ij} 为空间事物之间关系权重衡量矩阵。

Moran'I 计算结果介于[−1,1]之间，当大于0时为正相关，反之为负相关，且其绝对值越趋向于1表明空间分布具有较强的聚集性或相异性。反之，当绝对值越小表示空间分布关联性小，即趋于0时空间分布呈现出随机性。*Moran'I* 显著性水平可用标准化统计量 $Z(I)$ 来衡量，其计算公式为：

$$Z(I)=\frac{I-E(I)}{\sqrt{VAR(I)}} \tag{5-6}$$

式中，$E(I)$ 和 $VAR(I)$ 分别为 *Moran'I* 的期望值和方差，当 $Z(I)$ 大于零时，表明全局空间单元存在正向空间自相关，属性值类似的空间单元趋于空间集聚；当 $Z(I)$ 小于零时，表明存在负向空间自相关，属性值类似的空间单元趋于空间分散。

5.4.4.3 局部空间自相关分析

全局空间自相关分析的结果 *Moran'I* 指数的单一数值反映了空间单元的整体

关联模式,但无法体现局部区域的空间单元自相关特征。相比之下,局部空间自相关分析能找出空间聚集点或子区域所在,从而反映基于某一属性变量的独立空间单元与邻近单元的空间相关程度。本书将 *Local Moran'I* 作为空间联系局部指标度量局部空间自相关性,简称 *LISA*[72]。对于某一个空间单元 i,其局部空间自相关计算公式为:

$$I_i = \frac{n(x_i - \bar{x}) \sum_{j=1, j \neq i}^{n} w_{ij}(x_j - \bar{x})}{\sum_{i=1}^{n} (x_i - \bar{x})^2} = \frac{(x_i - \bar{x}) \sum_{j=1, j \neq i}^{n} w_{ij}(x_j - \bar{x})}{S^2} \tag{5-7}$$

相关变量意义与式(5-5)相同。对于所有空间单元而言,当 I_i 值为正时表明空间单元 i 与邻近空间单元的属性值相似,形成高高集聚或低低集聚的连片区域,且 I_i 值越大集聚程度越高;当 I_i 值为负时表明空间单元 i 与邻近空间单元的属性值无相似性,形成高低集聚或低高集聚区域。

LISA 分析结果可以用 *Moran* 散点图来可视化表达。*Moran* 散点图表示各空间单元变量值与由空间权重矩阵决定相邻单元变量加权平均值关系的坐标图,以用来反映局部空间的异质性。横坐标表示空间单元变量 x_i 观测值,纵坐标表示各空间单元对应的相邻单元变量的加权平均值,可以将 *Moran* 散点分布划分为"高—高"(第一象限)、"低—高"(第二象限)、"低—低"(第三象限)、"高—低"(第四象限)四个象限:"高—高"表示某一空间单元及其周围单元的属性值都较高,是体现高属性值密集的热点区域,"低—低"表示某一空间单元及其周围单元的属性值都较低,是体现低属性值密集的冷点区域,"高—高"和"低—低"这两个象限的地理单元具有较强的空间正相关关系;"高—低"表示某一空间单元属性值较高而周围单元的属性值较低,"低—高"则与之相反,这两个象限的空间单元具有较强的空间负相关关系,即异质性。

5.4.4.4 西安市路网交通动态效率空间分异实例分析

利用上述 ESDA 空间分异研究方法构建空间权重矩阵,分别基于可达性数据和机动性数据对交通单元进行空间自相关分析,以揭示西安市路网交通动态效率是否存在空间集聚和异常现象的空间分布格局。

(1)可达性空间分异特征。

选取表征各交通单元可达性的平均最短时间距离为基础数据,运用 *Moran'I* 和 *Local Moran'I* 统计量来测度每个交通单元与周边单元之间在空间上的可达性差异程度,并形成 *Moran* 散点图和散点分布地图。

图 5-14 为可达性空间自相关 *Moran* 散点图,其中横轴对应某个交通小区的平均最短时间距离标准化值,纵轴对应某个交通小区可达性空间滞后值,即该交通小

区邻近交通小区平均最短时间距离加权平均值。散点图中各交通小区可达性空间滞后值相对自身可达性标准化值的线形回归斜率是全局空间自相关系数 *Moran'I*。

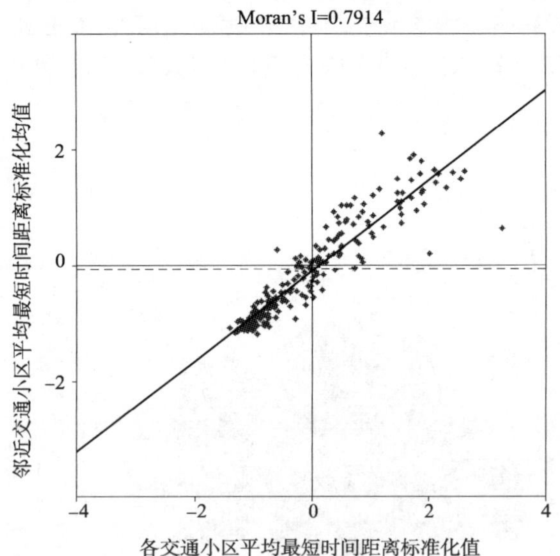

图 5-14　西安市主城区路网可达性空间相关 *Moran* 散点图

Moran 散点图四个象限分别对应不同的空间格局：第一象限表明某一交通小区平均最短时间距离值和相应的空间滞后变量均大于所有交通小区的平均值，形成平均最短时间距离值"高—高"区域即可达性"低—低"集聚区域；第二象限表明某一交通小区平均最短时间距离值小于平均值，但其空间滞后变量大于平均值，是可达性"高—低"集聚区域；第三象限表明某一交通小区平均最短时间距离值和相应的空间滞后变量均小于所有交通小区的平均值，是可达性"高—高"集聚区域；第四象限表明某一交通小区平均最短时间距离值大于平均值，但其空间滞后变量小于平均值，是可达性"低—高"集聚区域。

可以看出，西安市主城区路网可达性 *Moran* 散点图的线性回归斜率即全局自相关系数 *Moran'I* 为正，表明可达性空间分布格局存在明显的集聚特征；从数据点的象限分布看，第一象限和第三象限的数据点较二、四象限的数据点多，由此可以判断可达性在空间上有高值簇和低值簇现象，空间分异的结构特征明显。

进一步将可达性空间自相关 *Moran* 散点图投影到线市主城区交通小区分布地图上，形成可达性分布散点地图（图 5-15）。数量规模方面，可达性"高—高"、"高—低"、"低—高"、"低—低"的交通小区数量分别达到 107、9、9 和 77 个，"高—高"和"低—低"两种类型的交通小区数量远超过其他类型的交通小区数量，是可达性空间自相关系数为正的主导因素，两种类型中以“高—高”类型居多，表明西安市主城区多数区域的可达性高于整个城市可达性平均水平；空间格局方面，各类型的空间分布格局基本与图5-3中的可达性空间分布趋势吻合，可达性“高—高”类型的交通小区连续分布在主城区中心偏南位置，城市边缘地区是可达性低的集聚区域。

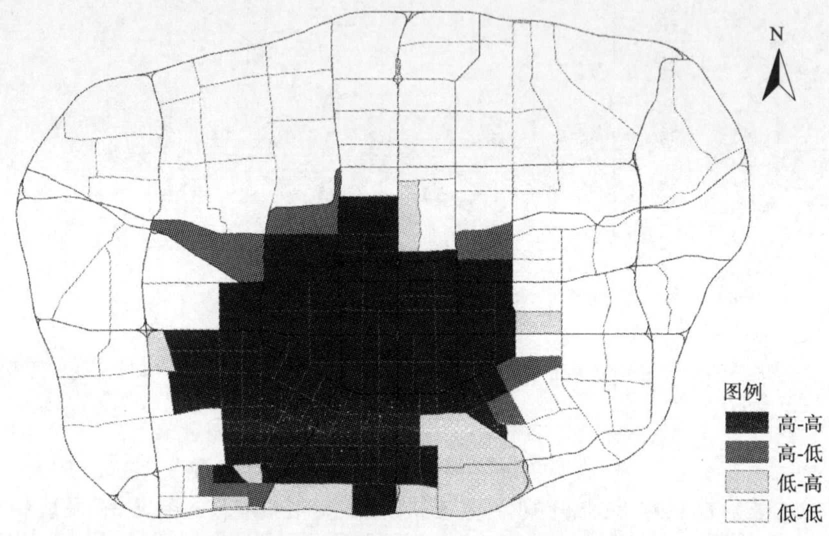

图5-15 西安市主城区路网可达性散点地图

(2)机动性空间分异特征

选取表征各交通单元机动性的平均行驶速度为基础数据，运用 *Moran'I* 和 *Local Moran'I* 统计量来测度每个交通单元与周边单元之间在空间上的机动性差异程度，并形成 *Moran* 散点图和散点分布地图。

图5-16为机动性空间自相关 *Moran* 散点图，其中横轴对应某个交通小区的10min内平均行驶速度标准化值，纵轴对应某个交通小区机动性空间滞后值，即该交通小区邻近交通小区平均行驶速度加权平均值。散点图中各交通小区机动性空间滞后值相对自身机动性标准化值的线形回归斜率是全局空间自相关系数 *Moran'I*。

Moran 散点图四个象限分别对应不同的空间格局：第一象限表明某一交通小区10min内平均行驶速度和相应的空间滞后变量均大于所有交通小区的平均值，形成平均行驶速度“高—高”区域即机动性“高—高”集聚区域；第二象限表明某一交通小区10min内平均行驶速度小于平均值，但其空间滞后变量大于平均值，是机动性“低—高”集聚区域；第三象限表明某一交通小区10min内平均行驶速度和相

应的空间滞后变量均小于所有交通小区的平均值，是机动性"低—低"集聚区域；第四象限表明某一交通小区 10min 内平均行驶速度大于平均值，但其空间滞后变量小于平均值，是机动性"高—低"集聚区域。

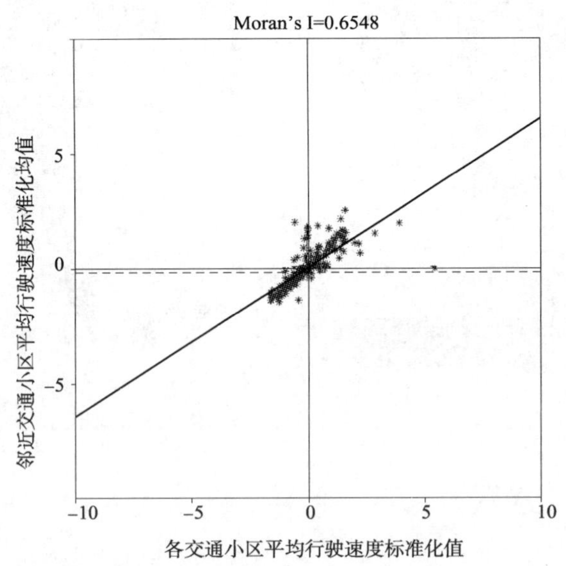

图 5-16　西安市主城区路网机动性空间相关 *Moran* 散点图

通过图 5-16 可以看出，西安市主城区路网机动性 *Moran* 散点图的线性回归斜率即全局自相关系数 *Moran'I* 为正，机动性空间分布格局存在明显的集聚特征；从数据点的象限分布看，第一象限和第三象限的数据点较第二、四象限的数据点多，由此可以判断机动性在空间上有高值簇和低值簇现象，空间分异的结构特征明显。

进一步将机动性空间自相关 *Moran* 散点图投影到线市主城区交通小区分布地图上，形成机动性分布散点地图，如图 5-17 所示。

数量规模方面，可达性"高—高"、"高—低"、"低—高"、"低—低"的交通小区数量分别达到 64、16、7 和 115 个，"高—高"和"低—低"两种类型的交通小区数量远超过其他类型的交通小区数量，是机动性空间自相关系数为正的主导因素，两种类型中以"低—低"类型居多，表明西安市主城区多数区域的机动性低于整个城市机动性平均水平，整个城市的机动性水平有待提升；空间格局方面，各类型的空间分布格局与图 5-17 中机动性空间分布趋势基本吻合，即机动性"高—高"类型的交通小区分布在主城区边缘，城市中间区域则是机动性低的集聚区域。

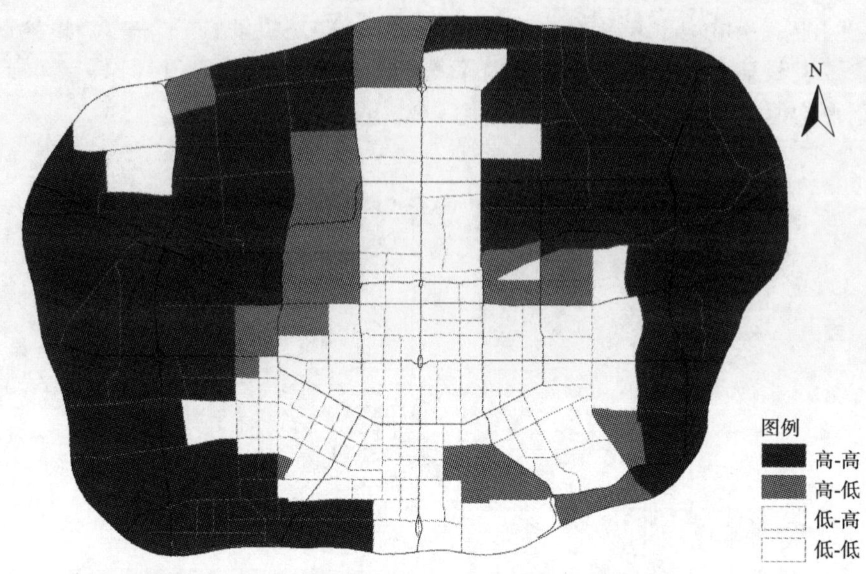

图 5-17　西安市主城区路网机动性散点地图

5.5　本章小结

作为衡量交通承载系统所发挥的效用的两种重要表达方式，机动性与可达性的侧重点有所不同，机动性是更侧重于衡量居民出行的便利性，即倾向于从出行者的视角来衡量交通承载系统，尤其是交通工具与交通基础设施所配合时，能够为出行者带来的出行效率，通常使用速度来表达，可达性则更侧重于评价交通基础设施对于城市空间格局带来的区位影响，在空间形态既定的情况下，交通承载系统的配置不同时，其对各地区带来的可达性效用也会不尽相同。

第6章 城市化地区空间扩张与交通承载系统的互馈机理

交通系统对城市空间形态影响的认识由来已久，诸多不同视角的研究也验证了这一观点的客观及科学性，《紧缩城市一种可持续发展的城市形态》一书的作者詹姆斯在2004年曾指出，城市空间形态其实是在某种程度上反映了不同发展阶段占主导地位的交通运输方式的技术特点❶。城市发展的历史进程也表明，当机动化的交通工具出现后，人类的居住和活动空间才首次摆脱了河流的约束，人们对空间的利用过程实际是交通运输系统发展的过程，火车等交通工具的出现使得人们居住的分散化成为可能，而以小汽车为代表的机动化工具的出现则使得这种分散变得更无规律可循，这种“无规律的混乱”正是城市化地区形态扩张的主要特征所在，本章内容将对影响城市化地区空间形态的交通运输系统的具体表现——交通承载力这一对象进行深入分析，从交通承载系统的效用分析入手，阐述其与城市空间形态扩张的相互作用机理。

6.1 城市化地区空间扩张与交通承载系统的相互作用模式

正如第五章所说，从效用分析的角度来看，交通承载系统所发挥的机动性和可达性效用分别改变了人们在所居住空间范围内的出行活动能力和土地等空间资源的利用价值，因此，无论是单个城市还是由近似均质的城市化地区构成的城市群和城市带，交通承载系统对其空间形态都产生了重要的、直观的影响。交通系统与城市空间形态演化之间存在着复杂的相互作用关系：一方面，交通基础设施的布局和运行效率都会对城市的功能布局和土地利用形态产生引导或限制性的作用，特定的城市交通模式会导致特定的城市土地利用形式和空间分布结构，当交通系统变动带来的机动性和可达性改良时，则会对这个地区的空间利用带来正外部性效用，使得这个区域内部的生产生活的水平提高，因而会吸引更多的要素向此聚集，从而

❶ 詹姆斯，等. 紧缩城市——一种可持续发展的城市形态[M]. 周玉鹏，等，译. 北京：中国建筑工业出版社，2004.

改变该区域内部人类活动的空间分布，进而影响这个地区所表现出的空间形态；另一方面，不同的要素禀赋、资源分布、社会意识形态差异则会使得一个地区内部的交通需求和出行行为表现出其独有的特征，从而对交通承载系统产生正面或负面的外部性影响，这也使得交通承载系统一直处于一种变动的状态当中，交通承载系统一直在通过自身的改变和调整来适应其所产生的交通需求，即土地利用和空间结构的改变又会影响交通模式，进而影响整个交通承载系统的结构和运行效率。两者表现出了相互反馈，相互影响，进而相互塑造的趋势。

在城市空间形态与交通系统发展模式的互动关系研究当中，以 1982 年 Thomson❶ 和 1998 年 Cervero，Robert❷ 的研究成果较具代表性，上述研究成果都详细的阐述并总结了交通系统与城市空间布局以及形态结构之间的相互作用，在指出了两者互动关系以及关联性的同时，也给出了不同的城市空间形态与交通模式之间的对应关系。英国学者 Thomson 将城市交通和城市空间相互作用的模式分为五种：①充分发展小汽车的模式；②限制市中心发展的模式；③保持强大市中心的模式；④低成本的模式；⑤限制交通发展的模式。相应的，美国学者 Cervero 在其著作《The transit metropolis：A global inquiry》一书中，将全球的大城市（城市化地区）分为四类：①可适应性城市；②可适应性交通；③混合型城市（即可适应城市和可适应性交通并存）；④强核心城市。在参考王春才（2007 年）❸、王治新（2005 年）❹的研究成果基础上，本书总结列出了两种划分模式的基本内容以及主要特点，见表 6-1。

城市空间扩张与交通系统的相互作用模式划分 表 6-1

Thomson（1982 年）		Cervero，Robert（1998 年）	
充分发展小汽车模式	在城市的空间布局上采取了无中心、均匀分布形态，没有放射性路网，而是由高速公路、快速干道、普通道路等构建成方格形的棋盘状路网，使得交通流平衡的分配在城市的整个空间当中，充分考虑以小汽车为主导交通模式	可适应性城市模式	使用轨道交通系统来引导城市发展，以此来达到最大的社会效益目标，空间的利用是紧凑的、混合的，土地开发是围绕轨道交通节点展开的

❶ J. M. 汤姆逊. 城市布局与交通规划[M]. 倪文彦，译. 北京：中国建筑工业出版社，1982.

❷ Cervero，Robert. The transit metropolis：A global inquiry[M]. Washington D. C.：Island Press，1998.

❸ 王春才. 城市交通与城市空间演化相互作用机制研究[D]. 北京：北京交通大学，2007.

❹ 王治新. 精明增长的城市交通与土地利用规划模式[D]. 西安：西安建筑科技大学，2005.

续上表

Thomson(1982 年)		Cervero, Robert(1998 年)	
限制市中心发展模式	限制城市中心无限制的向外扩张,鼓励郊区发展,通过放射性的铁路和干线网络,实现中心对外的顺畅链接,维护中心繁荣的同时限制中心对外扩张	可适应性交通模式	具有低密度蔓延增长模式的城市寻求最大程度上适用其自身环境特点的运输服务和新的交通技术的形态,通常的手段有:以技术更新支持应对;减少等候的时间与换乘的环节;采用介于传统巴士公交与私人小汽车交通之间的"辅助运输"方式
保持强大市中心的模式	强调市中心的重要性作用,同时通过完善的放射性轨道交通等大容量快速化的公共交通方式来实现对市中心的客流的有效集散	混合型城市模式	是以上两种城市类型的中和,即调整城市服务于交通(沿主要交通运输走廊集中开发)与调整交通来有效服务其外围郊区扩张的一种可操作的平衡模式
低成本模式	不主张以大量的交通基础设施建设来解决交通问题,主张通过对城市交通系统的改善和城市空间布局的利用来达到城市空间活动的成本最低化目标,强调沿放射性的道路建立城市次中心,并实行公交优先	强核心城市模式	是上述混合型城市的一个分支,这种城市交通的最大特点在于其紧密将轨道交通的改善与中心城市的复兴努力结合在一起。
限制交通发展模式	在城市建立不同等级的次中心,通过混合开发,使工作、购物、休闲等活动大多集中在相应区域内,以减少交通出行。各次中心之间以及次中心与城市中心之间分别建立完善的环状和放射状的道路及轨道网络		

两种模式虽然在划分的角度和内容上不同,但都体现了不同城市空间形态和分布与交通系统之间的对应以及作用关系,Thomson 的划分方法更侧重以"城市形态决定交通系统"的研究思想,主要表明了以需要什么样目标的城市形态为出发点,来考虑与之匹配的交通模式,而 Cervero 等人的研究则更看重两者之间的作用关系,注重从两者之间的相互作用会最终形成什么样的结果来考虑问题,从研究方法的角度看,可以认为 Thomson 等人的划分更关注现实状况的总结和表述,而 Cervero 则更关注现象存在机理的形成。综上所述,本书在此无意提出一种与上述研究成果大同小异的划分结果,而认为城市化地区的空间形态与交通承载系统相

互作用模式划分主要受到以下两个方面的影响：

(1)虽然不同地区的城市空间形态各异,但从形成和演变的历程来看,可以从中归纳总结出在空间形态的形成过程中,土地利用因素和交通承载系统两者中哪一方占了主导性的地位,从目前已有的研究成果看,交通承载系统影响占主导地位时,其城市形态会呈现“指状”、“带状”以及“串珠状”等基本结构,而当土地利用模式占据主导地位时,则会产生类似杜能在讨论农业区位论时所提出的结果,即以某一个节点为单中心,而按照地租价格不同形成单中心的“同心圆”型扩张结构。

(2)在划分城市形态与交通承载系统的互动类型时,要考虑交通承载系统是以主要满足提升系统机动性为主还是以改善地区可达性为主的差异,当交通承载系统以改善机动性为主要表现形式时,整个地区的空间活动能力将增加,因此,交通行为的空间范围将扩大,此时城市的形态改变将会以范围扩大、轮廓改变为主要表现;而当交通承载系统以可达性的改良为主要表现形式时,整个地区的土地利用特征将发生改变,此时,城市形态改变则主要体现在功能布局的变革以及土地开发强度的提升等。

6.2 交通承载系统对城市化地区空间扩张的作用分析

城市空间形态的形成与演化是多种影响因素在同一空间范围内共同作用的结果,从城市空间结构的形成与发展的历史演进来看,通过对某一主导因素的资源利用、规划设施以及监督管理等手段来引导城市空间形态的发展具有可行性和合理性,英国学者 J. M. Thomson 曾经提出影响城市空间结构的四个因素,即地理特征、相对可达性、建设控制和动态作用。其中地理特征是自然因素,非人力所能改变,而相对可达性和动态作用则均与城市交通系统有着直接的关系❶。交通承载系统与城市发展的各个阶段都存在着紧密联系和相互影响,这一点在交通承载系统对城市空间活动影响进而对城市空间形态上产生相应的作用力方面表现得尤为突出,相关研究曾指出,“从西方国家的城市发展历程来看,当千人汽车拥有量达到 80 辆以上时,大城市的集中化趋势才会有所减弱;而当该指标达到 160 辆时,则所谓郊区化、逆城市化现象将开始出现❷。”交通承载系统对城市空间形态演变的作用可以从如下的几个方面来反映:交通承载系统自身的变化会带来城市空间扩张

❶ 葛亮,王炜,陈学武.结合土地利用再谈城市交通可持续发展[J].华中科技大学学报(城市科学版),2002,(3):33-36.

❷ 马强.交通均衡供给策略与城市间协调发展[J].城市发展研究,2006,(1):24-28.

的阶段性变化，进而对城市空间形态的发展产生分隔性作用，同时，受到交通基础设施的分布以及运输服务覆盖范围等因素的影响，交通承载系统对空间活动行为具有一定的约束性作用，进而对城市空间的总体规模具有控制性作用，同时，交通系统是引导城市的土地等空间资源利用的重要手段，因而对城市的空间资源利用具有一定的引导性作用。

6.2.1 对扩张发展阶段的分隔性作用

任何事物在其发展的历程中都具有一定的阶段性特征，从系统动力学的角度来讲，这是因为事物在发展过程中首先要满足一定的条件，而这些条件中有些起主导作用，有些则起到辅助性作用，当某一因素，尤其是主导性因素发生变化时，会使得整个对象的总体表现形式发展变化，进而产生事物发展的阶段性划分。城市发展的空间形态同样也具有这样的特征，交通承载系统作为影响城市空间形态的主导性因素之一，其系统发展的技术特征会受到资源、规划、管理等多方面的影响而改变，进而对城市空间形态的发展产生阶段性的影响。城市空间形态变化的“门槛效应”是城市空间形态发展阶段的主要体现，门槛效应是指城市或者一个地区在发展过程中会保持一定范围内的稳态，在此范围内进行基础设施建设、资源使用分配、空间结构调整等活动时，只要其在一定的控制规模内，就不会对城市的总体表现产生突变影响，其总体表现会随着要素投入以及活动的规模成比例的稳定增加，但当城市内部的发展达到一个存在的“限度”时，再按照原有的行为活动的能量和规模进行投入，城市的发展将不会获得相应的比例的改变，即出现了一个所谓的“门槛”，要突破这种门槛，则必须要投入一个“远超出原有常规规模”的要素或者行为活动，来支持其跨越这道门槛，之后，其又会进入一个相对稳定，投入与产出相对成比例变化的时期，直到发展到下一个门槛的临界点。

从前文对城市化地区空间扩张模式的总结来看，城市的空间形态发展具有典型的“门槛”效应，而交通承载系统则是这个门槛的主要表现。以单个城市为例，当城市从单一节点开始不断发展扩大，但未突破门槛时，其发展形态会以单中心的形式不断发展，其规模不断增加，但基本形态不断发生变化，但随着机动化交通工具的不断增加以及道路、轨道等基础设施的不断修建，一旦突破空间形态变化的“门槛”后，城市空间形态将会产生“带状”、“指状”等与单节点不同的形态，随着交通承载系统等相关要素的进一步变化，交通承载系统的作用开始向整个地区内的所有空间渗透，当达到下一个临界点时，城市的空间形态将会由“指状”、“带状”等形态转而向“连绵区”、“城市群”等均质无典型差异特征的空间形态发展。

诸多研究都对交通承载系统与城市空间形态之间的关系进行过描述性研究以

及理论性阐述,可以认为,交通承载系统在自身演化过程中,由于不同交通方式的产生以及交通科技技术的不断进步,形成了不同的发展阶段,而形成这些不同阶段的主导因素也同时充当了城市空间形态“门槛”的角色,进而导致了城市空间形态发展阶段的变化,因此,虽然自然增长过程的阶段性和其他人为活动的阶段性都可以促使交通承载系统与城市空间形态变化发生分割成不同的阶段,但促使城市空间形态变化呈阶段性发展的关键原因还在于其本身所包含的规律性。一般来讲,从主导交通承载系统的主要交通方式的沿革过程来看,交通承载系统可以划分为“非机动化阶段(步行、马车阶段)”、“(有轨)电车、蒸汽机车阶段”、“小汽车阶段”、“轨道交通(大容量公共运输)阶段”,在此基础上,交通承载系统的发展变化过程与城市空间形态的阶段性可以归纳为如下的对应关系:

(1)当交通承载系统处于非机动化阶段时,步行和马车出行等交通方式受到速度和容量的影响,使得人们的出行活动空间局限在一个有限的范围内,同时由于没有某一方向交通方式的优势,城市的空间形态一般会形成单中心式的“同心圆”式扩张,同时其空间半径会非常有限。

(2)当交通承载系统处于(有轨)电车、蒸汽机车阶段时,城市的空间活动能力会在沿电车轨道或者机车线路方向上取得巨大的突破,其活动能力的增加足以突破原有的交通系统的“门槛”而使得城市形态因此发生变化,导致城市出现了沿交通线路方向的“带状”、“指状”等形态的扩张。

(3)当交通承载系统处于小汽车阶段时,此时小汽车交通工具规模的猛增和道路基础设施的修建使得人们的空间活动不再受到某一传统交通方式的限制,因此,相应的空间活动范围在不断扩大的同时也表现出了不依赖于某一种影响因素的特点,而呈现出对外均匀扩散、且不具有明显方向性的趋势,即形成“蔓延式”的扩张形式。

(4)当交通承载系统处于轨道交通(大容量公共运输)阶段时,受到资源和生态环境的限制,人类环境可持续发展的思想理念使得交通出行活动不再以散漫式的小汽车交通方式为主,轨道交通、大容量的公共交通运输等方式成为了交通出行的主要形式,因而城市形态则会呈现出依赖于公共交通运输系统的发展趋势,形成以公共交通运输节点为主要活动集聚点,即形成了城市化地区的“次级中心”,节点和节点之间通过快速交通方式连接而形成了“星形”的扩张形态。

6.2.2 对空间扩张规模的控制性作用

交通承载系统的运行能力决定了城市内空间活动的范围,因此,其与城市发展的规模之间具有直接的作用关系,在其他社会经济发展条件相同的情况下,交通承载系统的运行效率越高，交通出行的活动能力就越强，其所能影响到的城市空间范围也就越大，交通承载系统对城市规模的控制性作用可以从交通承载方式的转变而带来的空间活动能力差异来体现。不同交通承载方式具有不同的技术经济特征，但在不同技术特征中，交通方式以及其所对应的运行速度、通行能力对城市的空间规模的影响最为直观，一般情况下，城市的空间规模是与交通承载系统中运输能力最强的交通方式所能划定的空间活动范围相吻合的，因此，可以认为，交通承载系统的机动性对城市发展规模具有一定的控制性作用。

在城市发展的初期，要素活动的集聚作用占主导地位，因此，城市的规模会被限制在一定的范围内，这与交通承载系统的运行能力具有一定程度的紧密联系，一般认为，城市发展初期由于受到经济水平等因素的限制，交通系统的配置往往不能满足大规模的、长距离的空间活动需求，然而随着城市的不断发展，交通承载方式的不断增加，其技术能力的不断增强，使得更大范围内的人口以及生产要素的活动能力增加，此时，扩散效应开始成为影响城市发展的主导力，城市对外辐射的作用开始不断增加，同时城市空间形态在密度上也表现的相对分散，引导城市规模的不断扩大。2007 年王春才的研究指出，当人口等要素不断向城市集中时，城市的空间规模开始不断扩大，而空间活动距离的加长（在交通技术条件没有显著改变的前提下）会导致交通成本随之增加，若只考虑集聚利益和交通成本的关系，则在一定的空间范围内，人口等要素向城市中心集中带来的集聚边际收益先开始增加，后来则开始减少，而交通的边际成本随着城市空间规模的扩大而不断增加，因此，当集聚的边际收益等于交通的边际成本时，城市的吸引作用则开始不再增加，此时城市规模达到了最优状态，而越过这一边界点时，城市的规模则开始扩散，如图 6-1 所示。

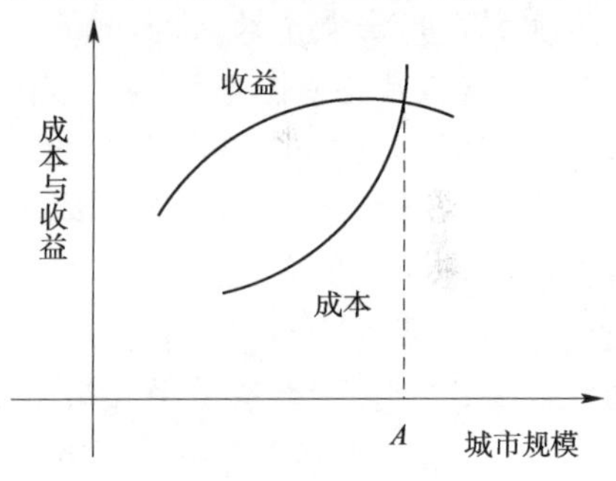

图 6-1　城市最优规模与交通边际成本的关系[1]

对于城市化地区来讲，交通承载系统对于城市的规模影响不仅体现在其对城市发展的引导性上，更多的则体现在了对城市发展规模的控制性方面，对于机动车、轨道交通等交通基础设施来讲，道路及轨道的建设对于交通方式起到了重要的引导作用，进而对可能产生的空间行为产生了决定性的影响。从宏观的角度看，在城市的空间形态处于自身不断发展壮大的过程中，城市能够使用的空间活动范围是交通承载系统所能提供的通行能力范围

[1] 王春才．城市交通与城市空间演化相互作用机制研究［D］．北京：北京交通大学，2007.

内决定的,仍以前文中提到的城市环线道路为例,城市修建环线道路的主要目的并不仅仅是为了满足过境交通的运输需求,更多意义上则是为了确定城市发展空间的规模以及活动范围,其在某种程度上将城市的“城区”限定在了一定的规模范围内,虽然在城市发展过程中可能后期会逾越之前所制定的“框架”,即出现了城市不断扩大自己的环线形成“同心圆”式的发展形态,但其仍是一段时期城市发展空间规模控制的重要限控依据;从微观角度上讲,城市发展的社区以及产业布局的发展规模主要取决于与之相应的交通承载系统的服务能力,当一个地区的交通承载系统的能力较强时,其能够负担较多的人口分布以及空间活动规模,进而使得此地区的人口等集聚规模较大,而当交通承载系统的能力较弱时,则不能支撑人口等要素的集聚式发展。

6.2.3 对扩张形态演化的引导性作用

正如前文中对交通承载系统可达性效用的论述,交通承载系统提供的空间可达性的改变极大地影响了城市空间利用形态和开发强度,1982 年 Thomson 在对世界上 30 个城市的交通相关问题研究后发现,一个城市在不考虑自然因素引导的影响下,城市中不同地区可达性的改变将直接影响到城市空间结构的改变,除非使用规划管理的手段来防止这种变化的发生❶。从经济学的角度来讲,交通可达性的改变实际上是影响了地区的居民以及企业交通行为的成本,一个地区交通可达性越高,意味着其相应交通承载系统的运输便利性和运输能力越强,而相应的出行成本也会较低(这种出行成本的降低并不一定是单独的时间成本的降低,而是在考虑了时间成本、经济成本、距离成本等多方面因素确定的综合成本),这种出行成本的降低则会进一步带来城市空间利用的强化,但与之相反的是,城市的交通承载系统对土地空间可达性的影响也会对城市的空间扩张产生引导性的作用,这种作用主要从对城市形态的点状引导和带状引导性体现出来。

(1)点状引导性:当一个城市化地区的中心(单个城市的中心地区或者城市群的中心城市)集聚了整个地区多数的人口等要素资源时,生产生活的需要使得其内部的节点之间以及其与外部节点间形成了较为密集的活动联系,而此种联系往往是建立在交通承载系统的支撑基础上的,诸多城市在此情况下形成了以城市活动集聚点为中心的放射性交通承载基础设施网络,其他地区则由于缺少基础设施的支撑而使得空间活动无法延伸到其他空间,因而此种网络使得城市的空间活动主要集中在了“点状”的空间范围内。

---

❶ 汤姆逊. 城市布局与交通规划[M]. 北京:中国建筑工业出版社,1982.

(2)带状引导性:诸多研究都指出,城市空间形态往往沿"交通轴线"——交通基础设施线路方向进行扩张,这可以归结为交通基础设施使得在沿设施方向上的可达性得到了改善,进而引起了空间活动范围的扩大,而同时需要注意的是,由于基础设施线路的延伸,使得在线路沿线的空间活动会集中在以"轴"为基点的一定空间范围内,因此,沿线的空间利用形态会相应呈现"带"状的发展,并且受到空间距离的约束而主要集中在"带"的直接影响范围内。

交通承载系统对城市化地区空间扩张的引导性不仅仅体现在对城市的空间利用形态的改变上,而且还对空间利用的主要表现形式——土地开发的强度产生重要的影响,当交通承载系统对某一地区提供的交通可达性能力较低时,由于交通经济成本、时间成本等因素的限制,使得此地区缺乏吸引人口以及经济要素的区位优势,而当交通可达性改善时,此地区则会被以较高强度的开发来吸引更多的要素及活动,此种现象最为明显的实例则是城市内部轨道交通的建设,与传统的公共交通方式以及小汽车交通相比,轨道交通具有较强的运输能力,可以极大地提高轨道交通沿线地区的可达性,进而支持地区内进行高强度的空间开发利用,因而在地铁沿线尤其是地铁站点的附近容易形成一定范围内的密集商业区或居住区。

6.3 城市化地区空间扩张对交通承载系统的影响

由上节内容可知,交通承载系统作为城市化地区内社会经济活动的支持性载体,其系统表现对城市空间形态的演变具有重要的控制和引导性作用,而在城市空间形态在变化过程中又会对交通承载系统产生一系列的影响,使得交通承载系统也处于一种不断变化的状态当中,这种变化可以分为以下两种类别:

(1)适应性变化:即交通承载系统的变化是为了适应城市空间形态的变化而发生的,此时,交通承载系统的功能一般落后于城市空间形态发展的需求。

(2)先导性变化:即交通承载系统是为了要达到城市空间形态变化的某种预期目标而做出的先行性变化,其变化的结果是交通承载系统的系统功能在一定程度上超过了城市空间形态演化的需要,而对其产生一定的引导性作用。

部分研究还提出了其他的变化形态,1995 年 Meyer、Maler 曾指出,除以上两种变化形式外,还存在第三种变化,即"饥渴型"变化,这种分类主要突出当交通承载系统已经严重落后于城市空间形态的变化,此时交通承载系统的变化一直处于滞后于城市空间演化的状态,系统的调整也处于努力去适应城市发展的过程中,但却没有办法对城市空间形态产生影响❶❷。本书认为,此类变化是适应性变化的一种,是交通承载系统严重滞后于城市空间形态变化的一种特殊情况,因此并不将其单独列出。从某种意义上讲,城市空间形态的变化实质上影响了城市交通活动需求的特征,进而对交通承载系统产生了影响,因此,无论是适应性变化还是先导性变化,在城市空间形态的结构特点和发展目标的影响下,交通承载系统发生的变化可以从系统的构成方式、系统的运行效率、系统的承载分布三个方面来说明。

6.3.1 对系统方式构成的影响

城市空间形态的变化主要体现在两个主要方面的变动上,即规模的变化以及空间分布的变化。规模的变化包括城市的总体空间规模以及城市内各出行活动需求点的规模,而城市的空间分布则是指在不同的城市空间范围内,各城市的功能分区在地理空间上的布局情况。当城市的总体空间规模发生变化以及功能分区布局发生变化时,与之相关的交通出行活动的活动距离、活动强度也随之改变,进而影响了整个地区的交通出行特征,此时,交通承载系统所面临的交通需求的特征也随之发生了变化。

从城市的空间形态变化来看,当单个城市发展在空间规模不断扩大而未形成其他的次级中心,即城市的各功能分区不断向外延伸而其主要的活动行为仍集中在城市中心地区时,城市空间规模的增加会使得城市的不同功能分布变得分散,由于交通出行距离与城市空间规模之间具有正相关的关系,因此,在交通承载系统假定不变的前提下,城市空间的规模越大,其相应的城市交通活动的出行距离将增加,出行时间增长,出行的成本将提升,因此,为了保证能在既定的交通通行时间和经济成本范围内完成交通出行活动,需要技术效率更高(速度快、容量大)而经济成本更低的交通方式来完成交通出行,这也是许多城市在经历了以小汽车为主的机动车交通方式阶段后,开始选择建设轨道交通、快速公交等交通方式的原因。

当城市化地区由单个城市中心开始形成城市群等空间形态时,城市间的空间联系也开始从单中心的放射性交通联系向网络化的交通联系转变,此时,城市群的其他地区与中心地区的空间活动成本已经开始超出出行的忍受时间和经济成本等条件的限制,此时,城市中心外部地区的居民则倾向于在居住地区周围实现就业、购物、休闲等需要,空间上的次级中心开始形成,因此交通出行的空间活动距离又开始相应的收缩,此时需要交通承载系统能够支撑城市群节点间联系的同时满足

---

❶ Meyer M. D. ,Maler E. J. ,Urban transportation planning[M]. London:Hutchinson,1995

❷ 王春才. 城市交通与城市空间演化相互作用机制研究[D]. 北京:北京交通大学,2007.

各节点内部及周边的活动需要,此时以沟通城市节点为目的的城际铁路和城际高速公路则成为了满足联系的主要手段,而相应的,以各个节点为中心的公共交通方式也开始出现以满足节点及附近的交通集散需求。

除城市的总体规模和功能分区布局,城市的空间开发强度也会对交通承载系统的方式构成产生影响,城市空间的开发利用强度越高,相应的出行需求也就越大,因而在同样有限的交通基础资源的配置前提下,采用公共交通等集成化的交通方式更有利于满足出行需求。但同时,对于城市空间利用强度变化对交通方式的影响,诸多研究提出了不同的见解,1999 年 Michacl Wegener 曾指出,"单纯的提高居住等功能分区的密度,并不能缩短交通出行的距离,只有当出行成本增加时,居住与就业的混合才能缩短出行距离,也就是说,居住密度本身对出行距离的影响不太明显,但是,居住密度对出行方式的影响却很大❶。"对于传统的道路交通来讲,提高土地空间的开发利用强度将直接导致周边的交通量增加,进而引起交通拥堵等问题,因此,对于高强度开发地区,选择大容量的公共交通方式满足出行需求是与之相匹配的理想方式。

6.3.2 对系统运行效率的影响

交通承载系统的运行效率是指在单位时间限度和既定空间范围内,交通承载系统能够满足交通需求的规模和能力。城市空间形态在规模和分布上的变化使得城市的空间活动需求不再局限于空间上的某一范围内,因此,随之产生的交通行为需求也开始在空间上呈现分散化的状态,而用于满足交通需求的交通承载系统运行效率也会随之发生变化。当城市的功能分区处于紧凑式分布时,交通出行的需求主要集中在一个既定的空间范围内,此时,交通需求会对不同的交通承载方式的运行效率产生不同的影响效果,城市的功能分区密集分布使得城市中同一空间节点所相关的发生和吸引的出行量增加,此时,如采用以满足个性化需求为主的机动化交通作为出行方式的话,则会造成节点周边交通基础设施承担了过多的交通出行,当其超出道路等基础设施的承载限值时,则会造成交通拥堵、出行环境恶化等问题,进而使得交通承载系统的运行效率下降。同样的情况不止发生在城市的中心地区,当城市非中心区的功能分区过于分散时,交通承载系统为了满足对其的覆盖而需要进行"搭接"式的建设,保证每一个节点都有相应的道路等设施为其服务,但相应的设施并没有发挥其正常的效率而造成了资源的不完全利用,也会导致交通承载系统的运行效率下降,城市空间的无序扩张所引起的基础设施资源浪费

❶ 王春才.城市交通与城市空间演化相互作用机制研究[D].北京:北京交通大学,2007.

正是这一问题的典型体现。

作为提高交通承载系统运行效率的有效手段,近年来大力发展运输效率高的轨道交通以及为了治理城市交通拥堵而实施的交通需求管制策略备受推崇,但同时需要认识到,对交通承载系统运行效率下降产生影响的核心因素是城市的空间形态变化所引起的交通出行活动特征的变化,不同的城市功能分区布局使得局部地区出现了交通承载系统的超负荷进而造成了效率下降,而另一部分地区则出现了交通基础设施资源的浪费,因此,对应不同的城市空间形态,采用不同的交通承载系统资源配置方式,是保证系统运行效率的重要手段。

城市发展的"精明增长"、"新城市主义"等发展理念都强调了提高城市空间的混合式开发利用模式,这种模式可以有效地提高交通承载系统的利用效率,其中的作用原理可以解释为,当土地的功能复合化利用时,人类所需要满足的生产、办公、购物、休闲等需求可以在一个较小的空间范围内完成,其所依赖的交通方式也可以主要以步行等非机动化的出行和公共交通运输来完成,交通承载系统的运行不会出现过度使用和需求不足导致的效率降低,而当土地功能的分区设计以及分散化布局时,交通承载系统往往需要在更大的范围内完成更长距离和更长时间的交通出行需求,因此,系统所需要满足的交通需求的规模也随之增加,一个典型的实例是,当大城市处于快速的扩张期,城市开始发展到"居住外迁期"时,在工作日会产生大量的外围居住区到城市中心区的通勤交通流,进而造成了整个地区内所有"向心"型道路的拥堵等交通问题。

6.3.3 对系统承载分布的影响

城市空间形态变化时,相应的交通承载系统除在交通方式和交通系统的运行效率上发生变化外,其交通承载力的分布也会随之发生相应的变化,当城市空间向某一方向扩张或者某一方向的空间开发利用强度增加时,会使得交通承载资源的配置向其偏移来满足其可能产生的交通出行需求。从城市空间利用的现实过程来看,城市空间的利用规划会根据城市发展的总体目标和自然资源的配置情况来实现城市内部的相关产业和居住的布局分布,在此过程中,不同的土地利用规划思想又会使得不同的城市形态对城市系统的分布要求不同。当城市发展处于单中心的"同心圆"式空间扩张时,要求交通承载系统配置以城市中心为节点的放射性路网以满足城市外围地区和中心地区联系的要求;而当城市发展形态以网格状的土地利用形态为主时,则要求交通承载系统构造"棋盘状"的交通网络来实现各个分区之间的有效衔接。需要指出的是,随着城市规模的不断扩张和结构形态的不断变化,城市的空间利用会表现出复合化的形式,即可能出现"单中心"和"网格状"并存的形式，此时也同时要求交通承载系统能够以复合化的交通网络来满足其出行需求。

除交通承载系统的基础设施子系统会跟随城市空间形态发生变化外，城市空间形态的变化对交通承载的软件承载子系统以及软硬件结合子系统也会产生影响，城市空间形态的扩张会使得城市现有承载系统的运输能力和运输效率不足，产生例如公交网络的覆盖能力不足以及交通管理水平的下降等问题，因此，需要相应的提升空间形态发生变化地区的交通承载资源配置来满足交通活动的需要。如果交通承载系统的空间分布并未能与相应的空间结构调整匹配，则会造成该地区内可达性的下降以及交通活动行为不能得到满足，进而对其空间利用产生负面影响。

6.4 城市化地区空间扩张与交通承载系统的互馈性框架

从时序上看，城市化地区的空间扩张与相应的交通承载系统之间相互影响作用力的产生不具有时序上的差异性，即当一个地区处于交通承载系统和空间形态处于未突破“门槛”的稳态期时，很难区分两者对对方产生效用的作用顺序，但在一般阐述交通承载系统和城市空间形态扩张的作用关系时，往往会从土地利用等空间结构及形态的变化入手，认为其导致了交通需求特征的变化，因而对交通承载系统提出了新的要求和变化趋势，在此条件下，交通承载系统才会发生相应的改变，通过改善机动性或者可达性来适应城市空间形态的变化；相应的，只有在讨论交通承载系统突破“门槛”而导致了城市空间形态变化的“非稳态期”时，才会关注交通承载系统对城市空间形态的引导亦或限制等作用。因此，在上述的前提下，我们可以认为，交通承载系统与城市化地区空间形态之间存在的互馈性关系可以用图 6-2 来表示。

图 6-2 从整体的角度给出了城市空间形态变化与交通承载系统之间的互馈性作用关系，可以认为，无论交通承载系统还是城市的空间形态发生变化时，都会导致上述的循环式作用关系的发生，因而使得整个城市处于一种螺旋式上升的过程当中，诸多研究成果也给出了相似的研究成果，而本书认为，在上述的互馈性框架中，还包括与传统结论不同的理解，主要体现在以下两个方面：

(1) 从影响土地利用的角度来讲，当交通承载系统发生变化时，导致了城市的空间利用形态的变化，但其作用的效用机制并不仅仅局限于可达性，还包括机动性，正如前文所言，可达性的改良可以通过交通承载系统优化以及土地利用模式转变等诸多手段来实现，其中，交通承载系统的机动性改良也可以带来可达性的改善，但同时，交通承载系统机动性的主要表现是提高了整个系统的运行效率，进而使得交通行为在时间范围上收缩和空间范围上扩大，这也使得生产生活所导致的交通需求可以在一个更大的范围内来实现，从而对城市的功能布局以及结构等空间形态产生影响，因此可以认为，交通承载系统对与城市空间的影响是可达性与机动性共同作用的结果。

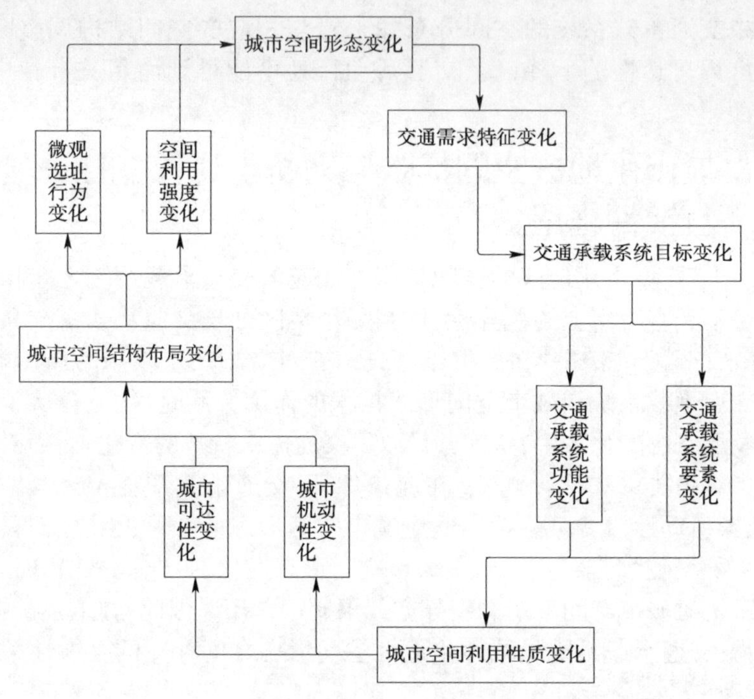

图 6-2　城市空间形态与交通承载系统互馈性作用框架

(2)以往研究中对于交通承载系统和城市空间形态的分析中着重说明了两者之间的正向反馈作用，即认为两者是相互促进的，却忽视了两者各自限值和约束的存在产生的负反馈作用。在系统承载力有限的前提下，当一方的发展超出其承载限值时，对另一方则会产生负外部性效用，当城市空间形态变化导致的交通需求变化超出了交通承载系统的限值时，尽管交通承载系统自身的变化可能带来一定程度的机动性和可达性的改善，但却并不能使城市空间形态向着整体最优的方向去发展。正如以机动车交通为主导的城市交通虽然可以使整个地区的可达性和机动性效用提升，却也导致了城市空间形态的无序和不可控。

6.5 本章小结

本章的研究表明,从效用分析的角度来看,交通承载系统提供了以改善空间移动能力为主的机动性效用和以改变空间利用性质的可达性效用,而这两种效用在城市的空间形态与交通承载系统作用的过程中发挥了不同的功能,进而导致了城市空间形态发展的阶段性划分以及对城市空间规模和城市扩张形式产生了控制性和引导性作用,同时,城市空间形态的变化也对交通承载系统在系统的方式构成、运行效率以及系统承载空间分布上产生了一定的影响,两者的相互影响使得城市空间形态与交通承载系统一直处于一种不断相互适应和改变的过程中,这种适应和改变会在一段时期内形成“稳态”的发展,但当其中一方突破了发展的“门槛”时,则会对其发展的基本形式产生显著影响,从而使得其进入下一个发展时期。

第7章　城市化地区空间扩张与交通承载系统作用的模型化

正如前文所言,城市化地区的空间形态扩张与交通承载系统之间存在着复杂的相互作用关系,而两者自身也都是包含了多种影响因素的复杂系统,其各自具有一定的形成和发展规律,因此,其难以用某一方面的具体指标或者数量来表现这种相互作用的关系和变化,也正因为如此,以往诸多相关研究都止步于对其相互作用的机理分析。本章内容旨在对已有研究成果以及前文对两者相互作用机理分析基础上,通过适当的条件假设和变量筛选,分别构建交通承载系统与城市化地区空间形态的计量模型,并对两者间的作用关系进行模型化表述。

7.1　模型构建基本思想及假设

7.1.1　基本思想

从系统动力学的角度来讲,城市化地区的空间形态与交通承载系统之间的互动关系是由于各子系统要素之间不断相互作用(例如交通基础设施的修建对城市空间结构的影响、交通工具的技术进步对空间活动能力的影响等)而产生的,其在系统各自不断发展,形成其自身的发展特征和规律的同时,又对对方产生正向或者负向的反馈性作用,因此有人认为,城市的空间活动系统(包括了城市空间形态和交通承载)是一个不断相互作用,实现"稳态—非稳态—新稳态"的动态协调过程,这种系统关系类似于耗散系统理论中的自组织系统❶。因此,在此前提下,两个子系统之间的相互作用以及其自身的增长变化特点具有一定的自组织特征。

从定量分析的手段和方法来看,在反应自组织系统自身的变化规律以及其相关影响因素的定量化分析方面,已经产生了诸多研究成果,这其中最为典型以及使用频率最高的则是 Logistic 模型,其基本模型如下:

❶　王春才.城市交通与城市空间演化相互作用机制研究[D].北京:北京交通大学,2007.

$$\frac{dN}{dt}=r\left(1-\frac{N}{K}\right)N \tag{7-1}$$

式中,N 为某一系统特征对象的规模;t 为时间;r 为其变化率;K 为 N 的理论最大规模。

Logistic 模型是 1787 年 Malthus 在提出研究生物种群的规模和增长规律后,由荷兰数学生物学家 Verhulst 于 1838 年提出的,该模型在 20 世纪 20 年代由 Pearl 与 Reed 重新发展并在生态学、流行病学等领域得到应用,随着对模型使用形式的扩展,其应用领域也日益广泛[1]。经验证明,其可以较好地反应自组织系统在演化过程中的变化规律,鉴于此,在参考 2007 年王春才关于城市交通与空间演变的研究成果基础上,本书在此尝试建立交通承载系统的效用表现以及城市空间扩张的表述模型,并利用 Logistic 模型开展两者之间相互作用关系的模型化研究。

7.1.2 模型条件假设

本章模型的相关假设条件如下:

(1)交通承载系统所发挥的效用由可达性来代表,可达性越高,表明交通承载系统改良所带来的效用越大。

(2)假设城市(城市化地区)内部的交通方式有四种,即小汽车交通(c)、公共汽车交通(b)、轨道交通(r)、步行(非机动化)交通(w)。

(3)对于交通承载系统的变化和城市空间形态的变化而言,在考虑其独立演化发展时,都符合 Logistic 进化规律(存在一定的限值、内部存在竞争性、存在个体间相互作用的生长和消亡特征)。

(4)城市空间形态的变化与交通承载系统的总体表现值以及其主要影响因素(人口等)对于时间序列来讲,均是一个连续的、可微的函数。

(5)选取前文构造的城市空间形态扩张定量化测度体系(表 3-3)中的紧凑度指标以及用地对人口弹性系数来表示城市空间扩张的形态变化,并将对上述指标无量纲化合并后的综合指数作为城市化地区空间形态的表征指标。

(6)城市(城市化地区)内部可划分为 m 个交通小区,并可以抽象成为相应的交通出行活动节点。

上述假设条件中,假设(3)需解释说明,本书认为,从交通承载系统的自身发展变化的进程来看,其在一定程度上符合自组织系统的 Logistic 进化规律,上述描述的特征可以相应的解释为:在一个地区的社会经济发展处于稳态的背景下,交通

[1] 章元明,盖钧锐. Logistic 模型的参数估计[J]. 四川畜牧兽医学院学报,1994,8(2):47-53.

承载系统在规模、表现能力等方面存在一定的限值，即在发展到一定阶段后，交通基础设施等系统要素将基本稳定，各测度指标将基本处于稳定状态；同时，交通承载系统内部存在不同交通方式间、同一交通方式的不同区域间的资金等资源要素的竞争和合作关系，并且，随着交通承载系统的不断发展，存在交通承载系统内部某一交通方式的不断进步以及其他交通方式的消失等现象。

对于城市化地区的空间形态，本书认为，其与交通承载系统类似，也具有Logistic进化的基本特征，原因如下：城市空间形态也存在在一定时期内存在限值，在某一自身要素发生突变超出阈值后，才跃升至下一基本形态的发展时期，同时，城市空间形态的变化过程实际上是影响空间形态的不同要素的变化过程，因此，当一个地区内不同区域内的基本要素（基础设施、资金、人口聚集、规划指向）等发生变化时，城市空间形态也会随之发生变化，相应的，此变化也存在资源的竞争、某一区域的空间形态不断增长以及其他区域的形态趋于稳定或者消失。

7.2 个体模型构建

7.2.1 交通承载系统的效用模型

以构建交通承载系统的综合可达性系数作为其效用表现模型。

（1）构建空间距离矩阵，对 m 个交通小区构成空间范围内的交通设施网络，依托其节点和线网布局，根据最短路径原则，采用Dijkstra算法，构建网络距离矩阵 L，定义如下：

$$L = [l_{ij}]_{m \times m} \tag{7-2}$$

式中，当 $i=j$ 时，$l_{ij}=0$

当 $i \neq j$ 时，

$$l_{ij} = \min\{(l_{ik}+l_{kj}), \forall k\} \quad (k=1,2,3\cdots n) \tag{7-3}$$

根据以上方法计算各节点间分交通方式的出行距离，小汽车交通、公共汽车交通、轨道交通、步行交通的活动距离分别表示为 L_c、L_b、L_r、L_w。

（2）设定单方式节点出行时间，定义节点间某一交通方式的直接出行时间指标如下：

$$t_{ij} = \frac{l_{ij}}{v} + t_{ij}{}^{0} \tag{7-4}$$

式中，t_{ij} 为节点 i、j 间的出行时间；v 为某一交通方式的假定速度 $t_{ij}{}^{0}$ 为假定平均换乘时间，当 i、j 相邻时，$t_{ij}{}^{0}=0$。

在上述基础上,定义相关计算指标值如下:

节点单位出行时间

$$T_i = \sum_{j=1}^{m-1} t_{ij} \tag{7-5}$$

系统整体出行时间

$$T = \sum_{i=1}^{m} T_i \tag{7-6}$$

节点可达性系数

$$A_i = T_i / \left(\frac{1}{m} \sum_{i=1}^{m} T_i \right) \tag{7-7}$$

节点综合可达性系数

$$CA_i = \sum_{j=1}^{m-1} d_{ij} / \left(\frac{1}{m} \sum_{i=1}^{m} \sum_{j=1}^{m-1} d_{ij} \right) \tag{7-8}$$

式中,d_{ij}为节点 i、j 间的综合出行时间,定义

$$d_{ij} = \alpha \cdot t_{cij} + \beta \cdot t_{bij} + \gamma \cdot t_{rij} + \varphi \cdot t_{wij} \tag{7-9}$$

式中,t_{cij}、t_{bij}、t_{rij}、t_{wij}分别表示节点 i、j 间使用小汽车、公共交通、轨道交通以及步行交通出行的时间;α、β、γ、φ 分别为采用以上四种方式出行时的权重。

需要指出,上述指标计算从不同角度反映了交通承载系统可达性的特征,其中 A_i 与 CA_i 分别反映了各个节点在单一交通方式和综合交通方式的情况下,在整个网络中相对交通区位的数值,可以认为,当 $CA_i > 1$ 时,表明该节点可达性低于整个地区的平均值;$CA_i < 1$ 时,表明该节点可达性高于平均值,而 $\min(CA_i)$ 即为在既定交通承载系统支撑下的整个地区范围内的时间区位中心,即交通区位最优地区,但在体现整个地区的可达性水平时,CA_i 则不具有代表性,从空间利用的效益来讲,系统可达性的最优目标应该是一个地区内不同地点可达性的差异最小,因此,使用 CA_i 指标最大值和最小值的均值来代表一个地区内交通承载系统的总体可达性水平,定义如下:

$$TCA = \frac{\max(CA_i) + \min(CA_i)}{2} \tag{7-10}$$

式中,TCA 为交通承载系统可达性系数,TCA 越接近于 1,代表地区整体可达性越高,反之则代表可达性水平越低。

7.2.2 城市空间扩张形态的表现模型

采用紧凑度指标和用地对人口弹性系数指标来构建城市空间形态的综合表征系数,其中各指标的计算方法如下:

(1)紧凑度指标,用于表现城市空间形态的合理化程度,定义如下:

$$BCI = 2\sqrt{\pi Q}/L \tag{7-11}$$

式中,BCI 为城市紧凑度;Q 为地区面积;L 为其空间形状的外廓周长。

BCI 值越接近于1时,表明其形状越接近圆形,其紧凑度越高,因此可间接认为其空间形态表现合理。

(2)用地对人口弹性系数,用于表现城市空间形态变动与人口之间的增长关系,定义如下:

$$SPI = [(Q_i - Q_0)/Q_0]/[(P_i - P_0)/P_0] \tag{7-12}$$

式中,SPI 为城市用地对人口弹性系数;Q_i、P_i 分别为待测定年的城市空间占地面积以及总人口;Q_0、P_0 分别为基年的城市空间占地面积以及总人口。

当 $SPI > 1.1$ 时,认为城市空间形态处于分散化扩张状态,当 $SPI < 0.9$ 时,认为城市空间形态处于集聚性扩散状态,当 $0.9 \leqslant SPI \leqslant 1.1$ 时,认为城市空间形态的变化处于稳态(即城市空间形态的发展与城市需求规模同步)❶。

在上述基础上,根据2005年Frenkel定义城市综合蔓延指数的基本思想,将多指标通过加权平均进行综合化,权重可根据主成分分析法(Factor analysis method)计算过程中各指标所表现出的解释方差所占的百分比得到❷。因此城市空间形态综合表征指数计算指标可表示如下:

$$MCI = \eta BCI + \mu SPI \tag{7-13}$$

式中,MCI 为城市空间形态综合表征指数;η、μ 分别为各个指标的权重。

由于 BCI、SPI 系数均以收敛于1为最优值,相应的,MCI 值也以靠近1时为最优。

7.3 两者间的相互作用模型

7.3.1 Logistic 独立演化模型

根据模型假设及Logistic方程基本形,城市空间形态和交通承载系统的Logistic独立演化模型可以表示为❸:

---

❶ 杨东峰.1990年以来我国大城市空间增长的历史态势:蔓延或紧凑?[A].和谐城市规划—2007中国城市规划年会本书集,2007:389-396.

❷ Amnon Frenkel, Maya Ashkenazi. Measuring urban sprawl: how can we deal with it? [J], Environment and Planning B: Planning and Design, 2008, 35(1): 56-79.

❸ 王春才.城市交通与城市空间演化相互作用机制研究[D].北京:北京交通大学,2007.

$$
\begin{cases}\dfrac{\mathrm{d}a}{\mathrm{d}t}=r_a a\left(1-\dfrac{a}{A}\right)\\[2ex]\dfrac{\mathrm{d}s}{\mathrm{d}t}=r_s s\left(1-\dfrac{s}{S}\right)\end{cases}\tag{7-14}
$$

式中,t 为时间;a 为 t 时刻的交通承载系统可达性,即 $a=TCA$;r_a 为交通承载系统所带来城市可达性的固定增长率;A 为交通承载系统在自身演化时,其可达性系数所能达到的最优值;s 为 t 时刻的城市空间形态的实际综合表征指数,即 $s=MCI$;r_s 为城市空间扩张形态变化时带来的综合表征指数的固定增长率;S 为城市空间形态在自身演化时,其综合表征指数所能达到的最优值;

需要说明的是,A 和 S 作为系统发展变化时的最优值,与一个自组织系统的最大限值(例如一个生态群落中某一种群的最大数量)类似,其也代表了这样的含义,即在一个城市(城市化地区)在资源、地理环境以及交通基础设施技术能力等自身承载条件的限制下,自身所能发展的最大值,即承载力的“阈值”是存在的。

根据 Logistic 方程求解方法,对式(7-14)进行求解,有:

$$
\begin{cases}\dfrac{\mathrm{d}a}{\mathrm{d}t}=\dfrac{r_a}{A}a(A-a)\\[2ex]\dfrac{\mathrm{d}s}{\mathrm{d}t}=\dfrac{r_s}{A}s(S-s)\end{cases}\tag{7-15}
$$

假设:$k_a=\dfrac{r_a}{A}$,$k_s=\dfrac{r_s}{S}$,有:

$$
\begin{cases}\dfrac{\mathrm{d}a}{\mathrm{d}t}=k_a a(A-a)\\[2ex]\dfrac{\mathrm{d}s}{\mathrm{d}t}=k_s s(S-s)\end{cases}\tag{7-16}
$$

上述模型具有如下的含义:在不考虑交通承载系统和城市空间形态对对方的演化产生影响时,式(7-16)表明了这样的原理,即在空间和其他资源都是“有限”的情况下,即具有最大限值的情况下,系统内部个体规模不可能是无限增长的,当个体规模过大时,由于自组织系统内部存在的竞争性以及排他性,会导致系统环境的恶化,即当城市空间形态的表征指数越接近其临界值时,整个地区内的城市空间形态与当前的规模 s 以及理论的剩余可扩张空间 $S-s$ 的乘积成正比,相应的,可以认为交通承载系统的可达性系数也具有类似的性质。

对式(7-16)分离变量,有:

$$\begin{cases}\left(\frac{1}{a}+\frac{1}{A-a}\right)\mathrm{d}a=k_aA\mathrm{d}t\\\left(\frac{1}{s}+\frac{1}{S-s}\right)\mathrm{d}s=k_sS\mathrm{d}t\end{cases}\tag{7-17}$$

两侧积分求解,有:

$$\begin{cases}a=\frac{A}{1+C_a\mathrm{e}^{-k_aAt}}=\frac{A}{1+C_a\mathrm{e}^{-r_at}}\\s=\frac{S}{1+C_s\mathrm{e}^{-k_sSt}}=\frac{S}{1+C_s\mathrm{e}^{-r_st}}\end{cases}\tag{7-18}$$

假设 a_0、s_0 分别为交通承载系统可达性以及城市空间形态综合表征指数的初始值,则有 $a(0)=a_0$,$s(0)=s_0$,可求得 $C_a=\frac{Aa_0}{a_0}$,$C_s=\frac{Ss_0}{s_0}$,由此可得式(7-14)满足 $a(0)=a_0$,$s(0)=s_0$ 的解为:

$$\begin{cases}a(t)=\frac{a_0A}{a_0+(A-a_0)\mathrm{e}^{-r_at}}\\s(t)=\frac{s_0S}{s_0+(S-s_0)\mathrm{e}^{-r_st}}\end{cases}\tag{7-19}$$

根据假设,$a_0=TCA_0$,$s_0=MCI_0$,因此模型解式(7-19)可计算。

7.3.2 相互作用模型

在交通承载系统和城市空间形态独立演化的基础上,原有假设条件不变,将两者对对方的相互作用因素加入到演化过程当中来构建解释模型。假设 θ_a 代表每单位的交通承载系统可达性变化引起的城市空间扩张形态的变化系数,相应的,θ_s 代表每单位的城市空间形态变化变化会引起交通承载系统可达性的变化系数。根据本书先前的论述,可以认为,交通承载系统改良引起的可达性提升,会使得城市空间结构的利用性质发生转变,因而使得城市空间形态发生相应的变化,同时城市空间形态布局的变化也会对交通承载系统提出新的可达性需求,促使其向适应新形态布局下的空间活动需求的方向发展,鉴于此,本书认为这两种变化都是正向的,即两者之间均存在相互促进和改良作用,使对方均向合理化方向发展,因而,补充假设 $\theta_a>0$,$\theta_s>0$,将其加入式(7-14)的方程组中,有:

$$\begin{cases}\frac{\mathrm{d}a}{\mathrm{d}t}=r_aa\left(1-\frac{a}{A}+\theta_s\frac{s}{S}\right)\\\frac{\mathrm{d}s}{\mathrm{d}t}=r_ss\left(1-\frac{s}{S}+\theta_a\frac{a}{A}\right)\end{cases}\tag{7-20}$$

上述变量定义与式(7-14)相同,同时仍假设 $k_a=\frac{r_a}{A}$,$k_s=\frac{r_s}{S}$,则有:

$$\begin{cases}\frac{\mathrm{d}a}{\mathrm{d}t}=k_a a\left(A-a+\theta_s\frac{As}{S}\right)\\ \frac{\mathrm{d}s}{\mathrm{d}t}=k_s s\left(S-s+\theta_a\frac{Sa}{A}\right)\end{cases}\tag{7-21}$$

式(7-21)可有如下的理解,即在不考虑城市空间形态和交通承载系统的相互作用关系时,式(7-21)与式(7-16)的含义相同,但在考虑了两者对对方的作用效果之后,将其影响效果加入模型当中,因此,以城市空间形态的演化为例,$S-s$ 代表了城市空间形态在演化过程中,其自身尚能够继续实现改良的能力,这种能力随着城市空间形态的系数的不断增加而减小,进而反映了其对系统自身进行优化的一种阻碍作用,而 $\theta_a\frac{Sa}{A}$ 则表示随着交通承载系统的可达性 a 的提升,其对城市空间形态会产生正面的影响作用,因而其可以减小城市空间可持续改良能力所带来的阻碍性作用,相应的,在受城市空间形态影响时,交通承载系统的可达性也具有类似的特征。

对式(7-21)的联系方程组求解,由于式(7-21)的方程右侧均不含 t,为自治方程[1],则假设方程组为 a 和 s 的二元方程组,如下所示:

$$\begin{cases}k_a a\left(A-a+\theta_s\frac{As}{S}\right)=0\\ k_s s\left(S-s+\theta_a\frac{Sa}{A}\right)=0\end{cases}\tag{7-22}$$

对式(7-22)求解,可得四组模型解值,如式(7-23)所示:

$$P_1:\begin{cases}a=0\\ s=0\end{cases},P_2:\begin{cases}a=A\\ s=0\end{cases},P_3:\begin{cases}a=0\\ s=S\end{cases},P_4:\begin{cases}a=\frac{A(1+\theta_s)}{1-\theta_s\theta_a}\\ s=\frac{S(1+\theta_a)}{1-\theta_a\theta_s}\end{cases}\tag{7-23}$$

2007 年王春才的研究成果对上述模型解进行了稳定性验证和计算结果仿真,认为当 $1-\theta_a\theta_s>0$,即 $\theta_a\theta_s<1$,且同时满足 $\theta_a<1$、$\theta_s<1$ 时,只有 P_4 解才具有实际意义。

上述模型解释了交通承载系统与城市空间形态在演化过程中对对方的影响关系,因此,与式(7-20)的构建思想类似,在考虑对其中一方实施主动干预而对对方

[1] 王春才. 城市交通与城市空间演化相互作用机制研究[D]. 北京:北京交通大学,2007.

造成影响时,可以加入增加单位的交通承载系统可达性规模的控制对交通承载系统的可达性演化速度的影响,以及增加单位的城市空间形态规模的控制对城市空间形态的演化速度的影响,假设上述两个影响因子分别为 θ_{ac}、θ_{sc}(假设 $\theta_{ac}>0$,$\theta_{sc}>0$),则式(7-20)可以变为如下两个联立方程组:

$$\begin{cases}\dfrac{\mathrm{d}a}{\mathrm{d}t}=r_a a\left[1-\dfrac{(1+\theta_{ac})a}{A}+\theta_s\dfrac{s}{S}\right]\\ \dfrac{\mathrm{d}s}{\mathrm{d}t}=r_s s\left[1-\dfrac{s}{S}+\theta_a\dfrac{a}{A}\right]\end{cases}\tag{7-24}$$

$$\begin{cases}\dfrac{\mathrm{d}a}{\mathrm{d}t}=r_a a\left[1-\dfrac{a}{A}+\theta_s\dfrac{s}{S}\right]\\ \dfrac{\mathrm{d}s}{\mathrm{d}t}=r_s s\left[1-\dfrac{(1+\theta_{sc})s}{S}+\theta_a\dfrac{a}{A}\right]\end{cases}\tag{7-25}$$

与式(7-22)的求解类似,可得式(7-24)、式(7-25)的有效解分别为:

$$G_4:\begin{cases}a=\dfrac{A(1+\theta_s)}{1+\theta_{ac}-\theta_s\theta_a}\\ s=\dfrac{S(1+\theta_a+\theta_{ac})}{1+\theta_{ac}-\theta_a\theta_s}\end{cases}\tag{7-26}$$

$$H_4:\begin{cases}a=\dfrac{A(1+\theta_s+\theta_{sc})}{1+\theta_{sc}-\theta_s\theta_a}\\ s=\dfrac{S(1+\theta_a)}{1+\theta_{sc}-\theta_a\theta_s}\end{cases}\tag{7-27}$$

7.4 本章小结

本章在前文交通承载系统的效用表现指标和城市空间扩张形态的测度指标体系基础上,构建了交通承载系统的效用表达模型和城市空间形态综合表征指数模型,在认为两者以及其所共同构成的系统具有自组织行为和独立演化特征的基础上,借鉴 Logistic 模型,构建了两者自身发展的独立演化模型,之后以此为模型基本形,加入了两者变化对对方的影响因子,以及单一系统的自演化控制因子来分析两者的相互作用关系。

第8章　城市化地区合理扩张目标下的交通承载系统优化途径

交通承载系统与城市化地区空间扩张之间存在的互馈性作用表明，可以通过交通承载系统的结构优化和系统改良，对城市化地区空间扩张形态产生一定程度上的积极影响，2007年叶裕民的研究也证实了这样的观点，即可以借助现代化的技术手段，强化城市的科学管理，从而改善城市的承载能力，大幅度提高城市常态运行中矛盾与问题的解决效率，改善人居环境和城市运行秩序等❶。国内外在此方面产生了诸多研究成果，但从城市形态演变以及城市化地区的空间扩张的成因来看，实现城市空间的合理化往往需要多方面的影响因素来共同作用，而非单一要素可以解决，因此，本章将在前文相关研究的基础上，提出交通承载系统应该通过何种的优化途径，在系统自身实现不断发展的同时，对城市化地区的空间扩张产生积极而有意义的引导。

8.1　坚持发展"紧凑城市"的交通资源配置思想

一个城市应该坚持集中还是分散发展理念的争论已经由来已久，并且至今没有明确的公认的结论，前文中关于城市规划史的相关阐述也说明了这一点。然而，在以西方国家出现的城市蔓延式扩张的背景下，20世纪70年代末提出的"紧凑城市（美：compact city；英：urban intensification；澳：urban consolidation）❷"的城市规划和建设理念从学术研究和实践层面得到了诸多的认同，1990年CEC（欧共体委员会）发布的城市化境绿皮书中，将紧凑城市定义为"一种解决居住和环境问题的有效途径"。诸多学者对紧凑城市的概念界定以及特征提出了不同的见解，Nicole（1998年）❸、Breheny（1997年）❹、Neuman（2005年）❺、Anderson

---

❶ 叶裕民. 解读城市综合承载力[J]. 前线，2007，4：26-28.

❷ 祁巍锋. 紧凑城市的综合测度与调控研究[M]. 杭州：浙江大学出版社，2010.6.

❸ Nicole Morrison. The Compact City：Theory Versus Practice-The Case of Cambridge[J]. Neth. J. of Housing and Built Environment，1998，(13)2.

❹ Brehenny，M，. Urban Compaction：Feasible and Acceptable[J]. Cities，1997，14(4)：209-217.

❺ Michael Neuman. The Compact City Fallacy[J]. Journal of Planning Education and Reasearch，2005，(25)：11-26.

(1996年)[1]、Gordon(1997年)[2]等人分别对紧凑城市的内涵等问题进行了阐述,本书在此不再进行罗列,但给出基于上述研究成果的紧凑城市的核心发展思想以及主要的表现内容以供深入讨论,从概念上看,紧凑城市主要涵盖了以下几方面的主要内容:

(1)以促进城市内部的重新发展,保护城市原有的范围内,尤其是城市中心地区的活力和继续发展为主要目标。

(2)以城市空间的高密度(人口和建筑的高密度)和社会活动(交通)的集中化为主要表现。

(3)反对城市的无限制扩张而无休止的占用土地,提倡对城市生态环境保护,注重保护城市周边的绿地和农田。

(4)认为城市已有的区域应该通过合理的规划和再调整实现高密度的开发,高强度的土地利用以节约资源。

(5)认为城市应该具有一定的边界,而不是无序的蔓延。

(6)认为城市内部的在土地空间所承载的城市功能应该是复合化的,而不是单一化的功能分区。

(7)认为城市内部应该以复合、高效、占用空间面积少的公共运输系统来支撑,同时鼓励步行等非机动化的交通方式。

(8)在空间的宏观层面上主要表现为"单中心形态的集聚而非多中心的分散",在微观层面上主要表现为"居住以及工业等功能分区的高密度"。

从紧凑城市的主要内涵来看,紧缩城市是一种以提倡城市资源的高效率使用为核心思想的规划思想,这种"高效"体现在了城市发展和社会生活的各个方面,2010年祁巍锋[3]曾从用地控制、能源的使用、城市中心化地区活力的保持、社会公平、城市交通和城市环境等九个方面总结了紧凑城市的主要作用,认为紧凑城市能够实现城市内部资源的再利用、保护生态环境、提高居住水平等目标,进而实现城市或城市化地区的可持续发展的目的。本书认为,在人类生活受到资源环境约束的前提下,与无序的蔓延式扩张相比,紧凑城市是一种具有改善生活环境、提高资源环境对人类的承载能力的城市发展模式,虽然这种发展模式受到了一定的质疑(部分研究认为紧凑式发展并不一定能提高生活水平、节约能源、增加城市居民的

---

[1] Anderson, W.P., Kanaroglou, P.S. Miller, E. J. Urban form, energy and the environment: a review of issues, evidence and policy[J], Urban Studies, 1996,33(1):7-35.

[2] Gordon P., Richardson, H.W. Are compact cities a desirable planning goal? [J]. Journal of the American Planning Association, 1997,63(1):95-106.

[3] 祁巍锋.紧凑城市的综合测度与调控研究[M].杭州:浙江大学出版社,2010.6.

归属感、认同感和幸福感,并且在政府规划意志无法强加于居民行为的前提下,紧凑城市的实现具有相当大的难度),但总体上看,紧凑城市的发展理念使得城市化地区在发展过程中更具有合理性和可持续性。

紧凑城市对城市空间形态发展以及城市结构演变具有重要的影响作用,诸多基于紧凑城市发展理念的规划手段都体现了对城市空间形态的塑造性作用,例如设置城市绿带(Green Belt)、保护城市开敞空间、强调城市空间利用的复合化(非功能分区)等,但同时,随着诸多城市规划实践和经验的总结,面对不同的国家、地区以及社会经济发展背景,紧凑式的城市空间利用理念的具体应用效果也有所不同。设置城市的成长边界以及城市绿带等手段都使得城市的空间形态局限于一定的范围内,这种手段一度被认为是保证城市紧凑式发展的最直观和有效的手段,诸多城市试图在城市周边设置绿带来控制城市的发展,同时考虑在绿带外围建设一系列的卫星城来分散人口和活动,使得中心城市的增长不再局限于一个中心,但正如2007年马强所说,"实际上很难以单纯限制中心城市的发展为目的而将溢出的人口安置在卫星城市中,这在多个国家的实践中以失败而告终❶。"

综上所述,本书认为,正如前文对紧凑城市的认识有宏观微观之分一样,对紧凑城市的理解应该从单个城市的发展以及整个城市化地区的发展两个不同层面来认识。从微观角度来讲,紧凑城市的空间利用理念的核心是提高城市现有土地资源的开发利用强度以及实现城市功能空间分区的复合化,而不是以一种固定的形态来限制城市的发展,即"紧凑≠不扩散",就单个城市来讲,受城市经济增长核心的集聚作用以及土地的价格因素影响,单个城市会按照单中心的模式形成圈层式的扩散状态具有一定的必然性,违背这种规律试图设置城市的明显边界显然与社会经济活动的基本规律有一定程度的冲突,这也导致了诸多类似于城市绿带模式的紧凑城市规划试验的失败,因此,紧凑式的发展应该是在紧凑开发的基础上来实现的合理化扩张,因此,从城市群、城市化地区等城市化地区的宏观角度来看,紧凑城市的发展理念主要体现在"分散中的集中",即"有机分散"的发展形式上。城市群等城市化地区一般具有多个具有相同或类似规模的城市,之间相互联系、相互渗透,从而形成了一个带状的、无明显的高强度和低强度开发空间的均质化地区,但这种发展模式往往会使得在空间利用过程中出现无序扩张的现象,因此,从区域的维度上,应将城市空间利用的规划思想应用到其中,实现整个区域在空间上形成多个具有高强度开发的次级城市中心。在交通资源的配置方面,在城市中心地区以及城市化地区的中心城市范围内,应严格按照紧凑城市的规划理念来进行空间的开

❶ 马强.走向精明增长:从"小汽车城市"到"公共交通城市"[M].北京:中国建筑工业出版社,2007.

发和利用，充分使用公共交通和步行交通来实现在紧凑尺度范围内的交通出行活动。而不同的城市之间则利用高效、快速的交通运输系统进行连接，同时使得城市间开敞空间的开发应该是沿交通系统所形成的交通走廊进行的，而不是在修建大规模道路网的基础上无序扩散的，即实现“区域范围内的节点分散，而在节点上实现集中。”

8.2 提倡 TOD 模式的交通—土地开发利用形态

从出现的背景来看，TOD（Transit-Oriented Development）模式是典型的城市交通规划与土地开发模式相结合的产物，是一种以交通（尤其是公共交通）导向作为指导思想的城市发展模式。西方国家在经历了快速的以小汽车为导向的城市无序蔓延以及以城市中心衰落为代价的郊区化过程后，人们开始反思大规模依赖个人机动化交通出行的土地利用模式和城市空间形态的弊端，正如前文研究综述中提到的，以往的城市功能分区等规划方法排斥了城市中的高密度开发以及公共空间的复合化使用，使得城市出现了低密度的扩散现象，进而产生了环境恶化、资源浪费等问题，此时以精明增长为代表的新城市主义等规划思想理念开始成为城市规划的主流。最早的 TOD 模式出现在 20 世纪 80 年代的末期，是指一种以公共交通系统支撑并引导土地利用的城市空间利用形式，在此之后，P. Calthorpe（1993 年）[1]、Robert Cervero and Kara Kockelman（1997 年）[2]、美国马里兰州交通局（2000 年）、加利福尼亚州交通局（2001 年）等诸多学者和机构都对 TOD 模式的基本内涵和方法体系进行了研究和总结，其中以美国加州伯克利分校的 P. Calthorpe 等人于 20 世纪 90 年代初期提出的 TOD 概念最具代表性，其在 1993 年的著作《The Next American Metropolis-Ecology, Community, and the Ameican Dream》中详细地论述了 TOD 的规划理念，指出 TOD 的核心思想在于鼓励土地的开发和利用，提倡一种紧凑的、多样化的、复合型的以公共交通系统的线路和节点为中心的土地利用模式，将居民日常生活中有可能产生的需求全部集中在尽量小的空间范围内，减少可能产生的出行需求，同时鼓励步行交通和公共交通相结合，从而减少小汽车出行以及大规模的以汽车交通为导向的交通基础设施建设，实现地区的社会经济发展和交通出行进行有机结合的目的，以此来对抗以汽车交通等为导向的土地利用而出现

---

❶ Peter Calthorpe. The next American metropolis-ecology, community, and the American dream[M]. Princeton Architecture Press, 1993:49-76.

❷ Robert Cervero, Kara Kockelman. Travel demand and the 3Ds: Density, diversity, and design[J], Transportation Research Part D: Transport and Environment, 1997, 2(3):199-219.

的蔓延等问题。

目前国内外研究中对于TOD的概念内涵及基本思想和释义的研究诸多,本书在此不再一一进行罗列,但有必要对TOD的本质以及核心特征进行阐述,以便更为深入的解释TOD对城市空间形态的影响和作用。TOD理念的核心特征可以概括为以下几个方面,见表8-1。

TOD模式的核心特征及思想❶❷ 表8-1

涉及的方面	具体内容
土地使用	土地开发以有利于提高公共交通的使用为原则
	公交站点附近布局紧凑、土地混合使用、布置商业、居住、就业岗位和公共设施
	便捷友好的街区,为步行及自行车提供良好、便捷的、直接的出行环境
	提供多种价格、多种密度的住宅类型
	保护城市的环境生态系统以及高质量的开发空间
	鼓励在已有发展区域内的公共交通线路周边进行新建和改建
交通基础设施	提供良好的公共交通设施和服务
	公共设施和公共空间紧邻公交站点
	公共站点成为该区域内的交通枢纽

TOD的规划思想实现了从传统的"城市交通系统适应及配合城市发展"的被动型向"城市交通系统应主动影响城市发展模式"的主动型的转变,认为交通系统的配置不应单纯一味由城市的功能以及居民的出行需要来决定,而是应该通过土地和交通系统的合理配合实现对交通需求的有效满足和限制,这种模式从一定的程度上体现了"交通需求管理"的思想,同时实现了对土地以及交通基础设施等资源的合理化使用的目的,提倡土地等空间资源利用规划应该与交通规划保持一致,同时通过交通系统来积极影响城市空间形态,在节约土地资源的同时,致力于创造一种紧凑的、可持续的发展模式,在提倡公共交通主导的同时,积极创造非机动化出行的条件,充分体现绿色交通的指导思想,改善社区等居住化境的宜居性,在实现"土地合理使用、交通系统科学配置、实现资源节约、加强环境保护"等多种目的的同时,来促进城市的可持续发展。

TOD的规划思想使得城市的空间形态与承载空间活动的交通系统紧密的结合了起来,有效地实现了两者共同协调发展的目的。TOD的规划思想认为区域的增

---

❶ 王春才. 城市交通与城市空间演化相互作用机制研究[D]. 北京:北京交通大学,2007.

❷ Peter Calthorpe. The next American metropolis-ecology, community, and the American dream[M]. Princeton Architecture Press, 1993:49-76.

长形态、增长结构应该是与交通系统（尤其是公共交通）的发展方向保持一致，认为城市形态在空间尺度上应该保持与人的步行、自行车出行等非机动化交通保持一致，而不是以小汽车等机动化的交通方式为导向，这也使得城市在空间布局上的紧凑度得到了提升；另一方面，TOD 的规划理念认为，一个地区的中心应该以公共交通枢纽作为中心，并以此为起点，在一定的距离内（有些研究认为 400～500m 为限，有些则认为应以 10min 为限），形成单中心的紧凑型结构，同时考虑服务不同需求的设施布局应该尽量围绕在此范围内，实现各种功能的复合化设置，TOD 的空间利用模式示意图如图 8-1 所示。

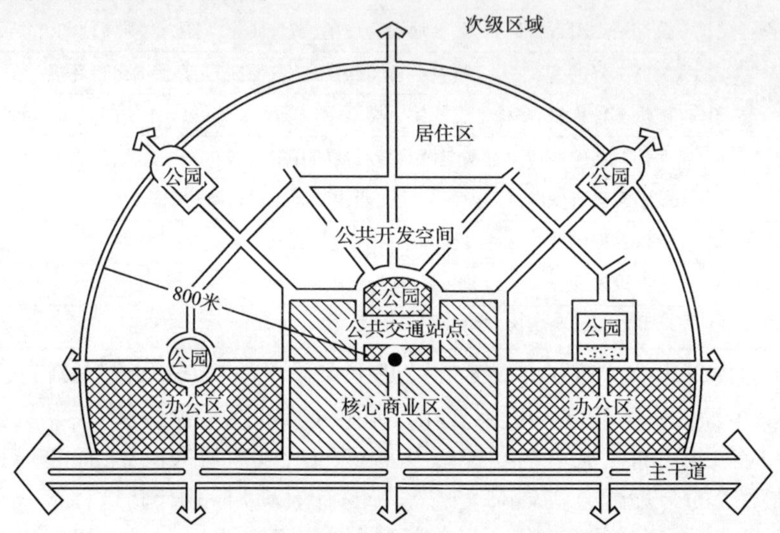

图 8-1　TOD 模式的空间利用示意图❶

随着对 TOD 理念理解的不断扩展和延伸，其已经从早期的一种基本的概念导向发展成为一种独特的城市开发和交通系统相结合的用地规划思想和模式，是一种被认为是具有可持续性的、可以针对性解决城市无序扩张和蔓延问题的城市基本形态和结构，其应用的范围也不再仅仅局限于城市的内部或者某一个社区。根据空间尺度的不同，TOD 的思想可以从微观和宏观两个方面来体现，即从单个城市与区域（城市化地区、城市化地区）两个层面上来理解：首先，城市内部来看，TOD 主张以公交站点或者枢纽为圆心，在主张以步行或者自行车出行的范围内进行高密度的土地开发，形成一个商业、办公、居住、办公以及服务设施等多种功能与一体的社区，此社区与外界的联系主要是通过公交线路、轨道交通等公交系统来完成的；

❶ 陆化普，赵晶. 适合中国城市的 TOD 规划方法研究[J]，公路工程，2008，33(6)：64-68.

从区域层面来看,在大城市化地区或者城市化地区的空间结构模式上同样遵从以中心城区或者核心城市为中心的建设思想,利用快速道路、铁路、轨道交通等交通方式在周边形成放射性的交通网络,同时,以交通线路的沿线站点为次级中心点,由近及远建立串珠状的城市空间体系,构建起一个在各个交通节点可及范围内紧凑发展,同时配置高密度的住宅以及合理的公共基础设施,在区域层面上形成多中心结构的空间形态。

TOD 模式对于城市空间扩张的影响可以做如下的概括:无论从宏观层面还是微观层面上来讲,TOD 的土地利用模式实质上最终会形成一个多中心的网络化空间,以公共交通等快速交通方式为支撑,形成放射性的基础设施网络,并以交通网络的各个节点作为城市空间开发的集中点,各个节点组团间可以快速的沟通,但并不出现无序的、不以公共交通为导向的混乱式扩张和非理性的填充式发展。从我国城市发展的实际情况来看,我国城市目前的经济快速增长、人口规模迅速膨胀和高速城镇化等诸多因素使得城市形态在发生急剧的变化,同时道路基础设施的大规模修建和小汽车工业的迅速扩张使得城市的空间利用出现了以机动车交通为导向的土地空间利用形式,而 TOD 的扩张模式则可以有效地避免这种形式所带来的负面影响,同时,与国外相比,我国的诸多城市还尚未形成对蔓延式扩张起推动作用的道路基础设施网络,因此,有必要在这种趋势前及早调整城市规划的基本思想和土地空间的利用形态,避免“蔓延式”空间扩张的发生。

8.3 注重土地利用规划与交通承载系统规划的整合

城市化地区是人类居住以及活动的主要场所,因此,其内部空间资源分配的合理化程度和科学化水平直接影响到了整个社会经济发展的各个方面。土地利用规划、交通规划、水力及电力等诸多基础设施规划的最终目标是实现城市资源的分配的有效合理以及其发挥最大的效益,同时保持整个社会系统的可持续发展。从此意义上讲,土地规划关注的核心问题是如何构建一个在满足各项外在承载约束条件下空间资源的合理布局,而交通规划关注的核心问题则是如何发挥交通系统资源的最大效率,实现对社会经济发展的有效促进,这种促进有可能是一种对现有交通需求的满足,但同时也可能是对交通需求的影响和改变,因此,将两者进行统筹的考虑是实现整个系统最优的重要条件。城市的土地利用问题是城市交通问题产生的根源,这一点已经被诸多的研究和实践所证实,前文提到的 TOD 发展模式也是交通问题与土地利用问题相互影响、相互作用的典型例证,无论对于典型城市或者城市化地区,如何使其内部空间范围上的土地利用能够发挥最大的效益,同时避免负外部性,是一个城市能够得到健康、有序可持续发展的前提。城市的土地利用规划和交通规划如何能够充分的相互融合、相互影响、相互促进，是实现城市空间形态的合理化扩张以及交通承载系统实现可持续发展的重要内容。

从实践情况来看，长期以来我国的土地利用规划和交通系统规划是相互脱节的，这一点在国外的诸多实践中也曾出现过，后期才出现了一定程度的改善。一般来说，传统的城市规划遵循如下的顺序：在城市的总体规划制定之后，在根据城市的主要发展目标和发展战略定位来制定城市的土地利用规划，而在此基础上再确定交通系统的需求，进行交通基础设施规划等系统规划，即“先抓用地规划，后做交通规划”。这种定位实际上首先承认了交通系统是城市发展系统的一个依附、从属性子系统的地位，同时肯定了经济发展布局决定土地空间利用的需要，但这种模式最大的问题在于，城市的用地规划往往是在现有的交通设施和现有交通需求的基础上开展的，因此，其并未将预期交通系统带来的影响和效用考虑到城市的发展环节中。当土地的利用形态以及发展趋势较为稳定时，此种规划模式并未体现出较大的缺憾，但随着城市空间扩张进行的加快以及土地功能置换和利用形式的转变，其所产生的交通需求无论从数量规模还是出行特征上都发生着明显的变化，因此，交通系统的跟随性变化使得其始终处于不断满足交通需求的状态，但却一直难以发挥系统资源的最优效用，实现城市的土地空间利用和交通系统的协调发展。

与此同时，20 世纪 60 年代以来出现的以功能分区以及区划管理为代表的现代城市规划方法成为城市规划的主导思想以来，城市规划中往往考虑将不同的城市功能在空间上进行分离，一方面是为了居住区能够远离工业以及生产活动，从而创造更好的居住环境；另一方面则是为了实现城市的空间利用形态的整齐，从而显现规划形式上的合理性。这样的土地利用规划使得后续规划的交通系统作为了一种技术性的、服务于城市交通活动的支撑性系统，不同的城市功能分区使得人们日常工作生活中的不同地点处于了不同的空间位置上，进而直接产生了大量的交通行为，但这种交通行为使得交通系统与城市功能的空间布局出现了割裂，而并没有产生互动性的改良性作用。

因此，本书认为，要实现城市空间形态的合理化以及可持续发展的目的，必须考虑将交通规划与城市土地利用规划进行整合，从城市的土地利用以及与其相关的交通系统所能带来的城市活动总体效果来评价规划的科学性和合理性，同时考虑土地利用模式有可能带来的交通需求特征以及其对现有交通系统有可能产生的影响，从而实现交通系统的同步改善。从可持续发展的角度来讲，城市的土地利用规划应该从城市现有的发展基础和条件出发，在既定的发展目标前提下，在发展方向、发展速度、发展模式等方面充分考虑土地使用的空间结构以及开发的多样性，使得其在开发过程中保持功能的复合化，从而尽量避免空间活动行为的产生，同时明确城市所依托的交通系统的发展方向和目标，不应单纯考虑以某一种交通方式(单一的轨道交通和单一的小汽车交通)来满足城市的交通需求，同时，交通系统在规划时也应充分注重系统的改变带来的可达性变化对城市空间利用效率的影响，将交通系统的配置效率和服务水平反馈到土地利用规划的效益评价环节当中，实现交通规划和土地利用规划形成相互反馈、相互影响，最终共同达到实现高可达性、低交通需求的土地利用模式和交通系统的配置。

图 8-2 分别列出了现行土地利用规划和交通规划的主要规划流程，以及两者之间会产生相互影响和相互作用的关系对象，两者都拟在既定社会发展背景下实现资源的合理配置，但在此过程中，可以实现如下的协作性关系：

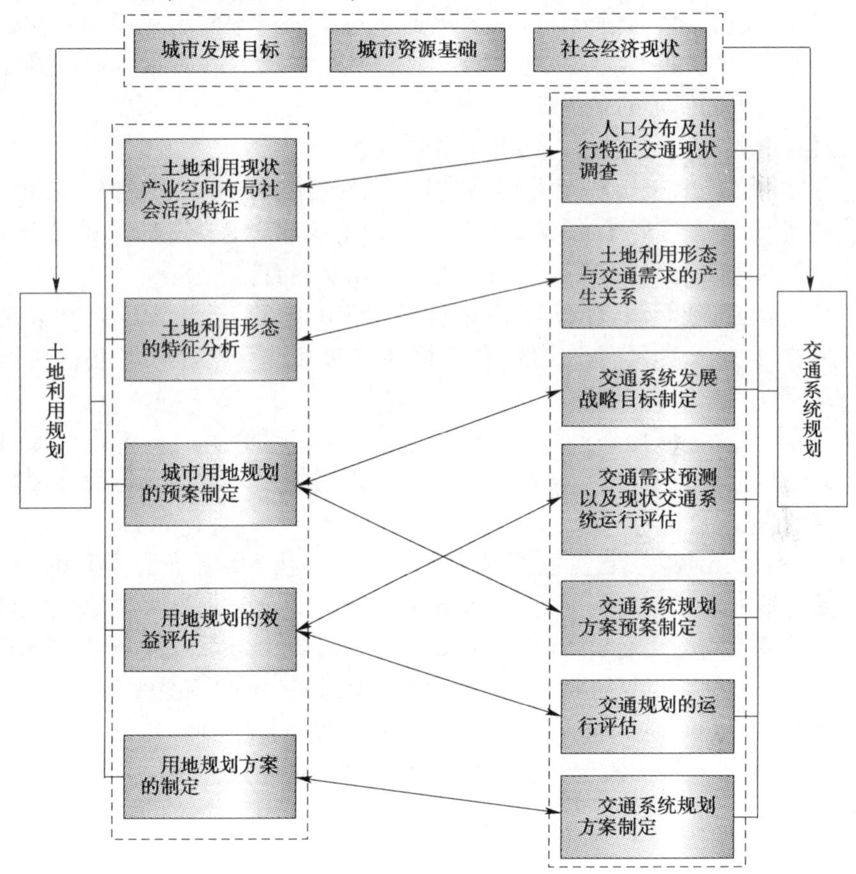

图 8-2 土地利用规划与交通规划之间的协作整合关系

(1)土地的利用现状调查应该包括目前不同功能的土地开发强度下的交通系

统运行情况,同时,交通系统的现状也应该在包含人口分布以及现行交通特征调查的基础上,掌握城市的总体产业布局和土地空间资源的使用情况。

(2)土地利用规划应该充分考虑在既有的社会经济活动特征下,土地利用模式所对应的交通需求特点,交通系统应该从人口的空间分布以及现状交通流的特点当中总结归纳不同利用形态下交通流产生的规模和特征等基本规律。

(3)交通系统的规划目标应该与土地利用规划的目标层级一致,在符合城市总体发展规划的基础上,交通系统的战略目标不应完全遵从于土地利用规划,而是要在综合现状各种不同资源和条件约束下的一体化目标。

(4)交通系统的规划预案与土地利用的规划预案应该有多个,不同的土地利用形态应该对应不同的交通系统配置,从而进行不同形态的土地利用和交通系统模拟的预评估,并以两个系统整体的社会经济效益最大化或者成本等外部负面效益最小化作为方案评价的最终标准。

需要指出的是,就目前国内诸多城市的规划实践来看,完全按照交通系统的配置来进行城市空间的土地利用规划,即形成哥本哈根的“指状规划”,或者与库里蒂巴模式相似,完全按照 TOD 模式来实行土地资源和交通资源的配置在操作层面上具有相当的难度,主要原因可以归结为如下几个方面:

(1)现有的土地利用空间形态一旦形成,便由于目前的资源配置和设施条件形成一定的“区位”,即具有一定的“使用惯性”,对其进行重新规划利用,完全改变其使用性质具有较大难度。

(2)目前大多数城市还延续了交通为支撑性系统的地位,尚未将交通规划的地位提升至与土地利用相同,甚至超过土地利用规划而与城市总体发展战略直接保持一致的高度。

(3)现有的交通系统自身发展受到发展规模和技术水平的限制,尚不能充分发挥引导土地利用形态的功能,例如建立一个完善的公交走廊来支撑城市化地区内两个活动节点间的交通出行活动,但就现实情况来讲,在实践中逐步实现将交通系统规划与土地利用规划进行整合,实现两者间的相互作用和影响,从而提高土地的空间利用水平和交通系统的运行效率,在无传统条件限制和历史因素影响的前提下,在已有城市布局的改善性调整和城市新区的规划过程中采取这样的方法是有必要且可行的。

8.4 强调交通承载系统机动性与可达性的统一

交通承载系统所表现出的可达性和机动性是实现对城市化地区发展过程中所

产生的交通运输需求进行有效承载的主要作用形式,从系统改良的目标角度来看,提升机动性或改善可达性均能够实现达到系统优化的目的,但从效用作用的机理来看,机动性和可达性的改良对交通承载系统的作用效果有所差异,因而两者引起的城市空间形态的变化也不尽相同。随着城市化地区内部社会生产生活的不断发展,交通出行的频率和需求也在不断的提高,从社会功能上看,交通系统在承担了实现空间移动的基本功能的同时,交通出行的目的变得更加综合化和复杂,正如2005年卓健所言,“与工业社会整合划一的生活节奏不同,信息社会的个人化和个性化发展,使人们的出行动机和出行时间差别扩大,交通方式因此日趋多样化对城市交通空间设计也提出了新的要求❶。”因此,交通系统在不同地区、不同时间的环境差异下,其所需要满足交通承载功能的主要表现形式也需要进行相应的调整和变化。

从前文中对机动性和可达性含义的阐述可以看出,机动性实质上改变了空间活动的能力,而可达性改变了空间活动的区位,就两者的相互关系而言,机动性改良带来的直接效果是整个交通系统的活动能力的增强,因此相应的地区的可达性也得到了一定的改善,但可达性的增强则可能通过土地利用性质转换等其他手段来实现,因此,可以认为,“机动性改善一定会带来可达性的改良,但可达性的提升不一定等同机动性的提升”。可达性主要反映了城市空间范围内的交通系统产出,体现一个地区到城市其他地区的方便程度,而机动性则主要体现在交通行为的活动时间上面,因此,与城市活动紧密相关的城市空间形态以及空间利用结构应该建立在可达性和机动性的共同作用基础上,对于实现合理化的城市空间形态而言,充分认识到不同地区对可达性和机动性的要求,从而进行合理的交通系统资源的配置是有必要的。

从城市化地区的空间布局构成上看,单个城市中的中心地区以及城市群当中的主要节点城市都集聚了大量的经济要素和社会活动,其在整个地区的社会进步以及经济系统的正常运行过程中都发挥了重要的作用,正如2005年Elgin所言,“城市的中心,是世界经济秩序能否正常运转的关键所在❷。”因此,在城市化地区的中心区域范围内,交通承载系统的主要功能是保证不同节点之间可以通过某种交通方式实现通达的目的,保证各地区之间实现空间活动的基本能力,从而使得整个地区的土地空间利用具有一定的均衡性,在保持整个地区具有良好开发活力的

❶ 卓健. 机动性和中国城市[J]. 国外城市规划,2005,20(3):1-3.

❷ 詹姆斯,等. 紧缩城市——一种可持续发展的城市形态[M]. 周玉鹏,等,译. 北京:中国建筑工业出版社,2004.

前提下，避免同一区域内不同地区的可达性差异过大，进而导致部分地区开发强度过大而部分地区的可达性变差，从而使得其空间资源的浪费。目前，就城市化地区的中心地区(或中心城市)来讲，人们已经普遍认识到，单纯的修建道路、增加路网通行能力、修建轨道交通、建设交通枢纽等单一的交通系统技术性改善只能局部的增加交通系统承载能力，实现交通系统机动性的部分改善，而没有办法从根本意义上解决城市交通与土地利用的根本问题，正如国内诸多交通规划学者和管理部门近年来达成的共识，“交通问题的根本在于土地利用，即实现土地使用与交通系统配置的同一化，通过改变土地利用来影响交通行为，实现对交通需求的有效管理是解决问题的根本办法”，正因如此，交通系统配置以及城市土地利用等规划的主导理念已经从单纯地追求机动性向追求整个地区的空间可达性改良转变。

城市化地区中心地区的可达性改良的实现途径有多种，但实现的手段和途径主要体现在以下几个方面：

(1)可达性的改良可以体现在交通基础设施的技术性提升，交通方式以及交通技术的进步上，但其应该以改善整个地区的交通出行状况，提升地区的交通区位水平为最终规划目标。

(2)诸多规划实践表明，单纯发展某一种交通方式并不能充分的满足日益复杂的多重化交通需求，因此，提升交通系统的运行效率来改善地区可达性时，需要根据不同交通方式对该地区交通需求的满足特点，协调发展多种不同交通方式，配置具有不同技术特点的交通资源，以各种方式的互补作为制定交通系统发展战略的主导思想。

(3)与小汽车交通等个性化交通方式相比，在以可达性改良为目标的前提下，城市公交、轨道交通等公共交通运输方式具有提升整体机动化水平，从而提升整体可达性的优势，因此，在城市化地区的中心区域应强调优先发展公共运输方式。

(4)正如前文叙述的一样，作为改善交通承载系统机动性的有效手段，通过提高交通枢纽的换乘效率以及交通方式的衔接水平同样可以实现地区内可达性的提升，因此，在城市化地区的中心地区构建高效的运输换乘和衔接系统是有效的可达性改良手段。

(5)与机动性改善相比，可达性更强调交通系统在地区内空间分布上的表现，某一地区的可达性水平低将不仅影响本地区的交通区位，更可能会对周围以及与此地区相关的地区的可达性产生影响，因此，在交通基础设施以及运输工具等资源配置上需要注意空间分布的均衡性，这将使得整个地区在空间形态上实现均衡发展。

受到与经济活动中心的空间距离等因素影响，与整个城市化地区的中心地区相比,城市化地区的周边及外围地区在土地利用形式上以及开发强度上往往会弱于中心地区,其交通活动行为也会相对分散,因此,为了实现此区域的快速发展以及与城市中心和周边地区的快速联系,达到人流物流等经济要素快速流动的目的,往往要求需要以"快速性"、"个性化"为特征的交通系统来支撑,这也决定了在外围地区不断的开发及扩张过程中,往往优先注重空间活动的高效性以及便利性,进而要求在外围地区的交通承载系统的配置过程当中,应该以考虑优先体现机动性为主导性目标,而非优先实现整个地区的可达性。根据前文中对于交通承载系统的机动性改良途径的相关结论,在城市化地区的周边和外围地区,通过建设与城市的中心地区以及其他地区的快速连接道路、轨道交通以及综合换乘枢纽等设施、提升道路的容量等手段,可以有效地提升整个交通承载系统的机动性水平,但值得提出的是,随着外围地区的土地空间开发强度的不断提升,其在空间利用形式和交通需求表现上会逐渐与城市的中心地区具有同样的特征,因此,交通承载系统的建设目标也会逐渐随之变化,即随着城市社会经济水平的不断发展,不能在同一地区单纯的追求系统的机动性,这也是目前我国诸多城市在现行的交通规划中需要注意的地方。

从发展的实际情况来看,目前中国正处于快速的交通工具机动化的过程当中,虽然在交通系统的建设以及运输服务水平的提升方面都取得了丰硕的成果,但同时需要看到,受到科学技术的全球化以及区域经济的一体化影响,中国在城市的发展阶段上与西方国家传统的城市发展模式有所差别,我国目前在城市改造及扩建过程中出现了城市中心地区人口比例减少,人口外迁化趋势明显的现象,但这与西方国家在20世纪50~60年代出现的"城市空心化"在本质上是不同的,主要区别在于我国在出现城市空间扩散现象的同时但城市中心地区并没有明显的衰败,但正因为如此,我国也将会较早的遇到西方国家在发展过程中所遇到的一系列问题,城市的中心地区可达性的恶化带来的"城市病"以及城市周边地区无节制的追求机动化带来的"蔓延式扩张"就是这些问题的典型体现。因此,在合理确定城市发展目标又需要考虑节约能源和土地等资源的前提下,要深刻认识交通承载系统机动性和可达性的本质特征,在城市化地区的中心地区强调土地利用的可达性改良,而在周边地区则注重交通系统的机动性提升;既要保持城市中心的活力,又要保证城市外围地区的合理发展,以此为目标,科学合理的配置交通系统资源,在提升交通系统自身承载能力的同时,注重其与城市空间形态的相互作用,是解决交通拥堵、资源浪费等现实问题,同时是我国城市实现可持续发展的重要手段和途径。

8.5 实现交通基础设施建设与运输服务规划的同步

我国发展的实际情况决定了无论是传统的城市内部地区还是城市外部的郊区及农村地区,由于长期以来的交通承载系统中的交通基础设施建设和与之相应的提供运输服务管理的部门在行政管辖上的分割性,使得基础设施的建设规划与运输服务的规划以及后续的运营管理和实施分属不同的部门和机构,这也使得交通承载系统无法作为一个整体来发挥其系统功能,甚至有时还会产生不正当的运输方式竞争以及社会资源的浪费等负面性问题。因此,从交通承载系统提供运输服务的本质以及实现城市功能的角度来讲,有必要将交通基础设施的建设规划与运输服务的提供规划整合,以达到提升交通系统的总体承载水平的目的。下面就城市化地区目前的两种传统表现形态,即单个城市(包括其辐射范围内的郊区、乡镇、农村等,或称为都市圈)以及城市群(或者城市带、城市化地区)的交通运输基础设施的建设规划以及运输服务规划进行讨论。

就单个城市或者都市圈来讲,一般来说交通承载系统是指以道路、轨道、交通枢纽、交通服务设施等为主的基础设施系统和以小汽车交通、公共汽车交通、轨道交通、非机动车交通等为主的运输服务系统。我国大多数的城市在20世纪90年代末开始步入小汽车交通为主的发展时期,因此城市的交通基础设施系统也以迅速的道路扩建和以机动车服务为主的规划建设模式来适应这样的变化,虽然现在诸多城市已经开始考虑发展轨道交通来解决交通拥堵问题和满足不断增长的交通需求,但大多数城市普遍还存在以传统的“基础设施建设引导城市经济发展”的发展思想,因此,诸多城市在未科学的考虑制定城市总体交通系统发展目标的情况下,选了不断地扩张道路、在新区建设交通枢纽等基础设施以实现“带动地区发展”的目标,但与此同时,也出现了“有路无运输”的情况出现,即公共交通等形式的交通服务系统并没有实现与基础设施相应的发展,例如传统的公共交通系统还是局限于原有区域范围内,而并未延伸到大量新建基础设施的地区,造成了建设规划和运输服务供给的脱节,虽然近年来国内诸多城市不断实行的公共交通“城乡一体化”使得这种情况有所改观,公交系统和传统的城外运输系统开始不断融合并开始对城市周边的待开发地区(交通等基础设施已经修建完毕)以及城郊和农村地区带来了交通服务水平的提升,但基础设施的建设规划与运输服务不同步的情况依然普遍存在,传统的城市运输系统尚没有和服务于城市外部地区的运输系统实现有效的衔接和整合,这也成为了区域内交通系统承载水平受限的重要因素之一。

从城市群等区域层面来看,我国不同地区内的城市之间以及重要经济节点之间的交通运输系统正在逐渐的完善当中,部分城市群开始编制区域一体化的交通运输系统规划,这一措施将有效地改善区域层面的交通系统的服务水平和承载能力,节点间的交通运输联系由传统的铁路和公路扩展为由高速公路、传统道路、城际铁路、轨道交通等多种方式构成的综合交通运输系统,然而在交通基础设施进行不断的升级扩充和完善的同时,运输服务系统却并没有实现有效的同步跟进,主要表现为城市内部的交通枢纽与城市间的线路基础设施并未进行有效运输衔接以及依托交通基础设施的公共运输方式并未对城际间线路设施沿途实现有效覆盖等方面。诸多国内外规划实践表明,城市群等城市化地区交通运输系统的效率提升以及改善重点在于交通方式的合理搭配以及不同地区交通方式和交通服务设施的合理搭接和换乘,因此,从构建合理的城市群以及城市化地区内部的城镇体系结构,引导城市空间形态合理发展的角度来讲,需在考虑不同交通方式的技术特征的基础上,合理搭配城市群内部的各种交通方式,在运输方式上则以配置运输效率高的公共交通运输系统为主,以满足不同地区和不同空间尺度上的出行需求,实现对城市群内部空间利用的有效引导。

8.6 本章小结

城市化地区土地等空间资源的利用以及空间形态的合理化引导往往需要多方面的共同作用和影响,本章的内容主要选取了土地利用以及城市空间开发的视角来阐述问题的对策以及优化途径,从内涵上看,采取“紧凑城市”的空间利用理念以及实行 TOD 的土地开发方式在实施上与交通承载系统具有紧密的关系,合理的空间利用形态既可以通过规划手段来实现,也可以通过交通承载系统来“推动”,两者之间存在着紧密的共生关系,正确认识交通承载系统的可达性以及机动性在城市空间利用中的作用,强调交通承载系统与土地利用规划之间的整合以及实现交通基础设施与运输服务系统的共同建设是改善交通承载系统的重要途径。

第9章　结论及展望

9.1　主要的研究工作及结论

空间形态的扩张问题是世界上多数城市在发展过程中都可能面临的重要问题之一，因此，自20世纪中期这种城市空间形态变化的趋势变得明显以来，对于其开展的研究和争论就从未停止过。城市化地区空间形态的演变涉及了社会经济发展的诸多方面，而交通系统与其的关系更是备受关注，因此，研究城市发展的交通承载系统与其空间扩张之间的关系，具有重要的理论和实践意义。本书以交通承载系统作为城市化地区空间扩张问题研究的切入点，通过对城市化地区的空间形态演变的特征表述以及交通承载系统的效用机理分析，给出交通承载系统与城市空间形态之间的互馈性框架，之后通过系统的独立演化以及相互作用的模型化构建来说明交通承载系统与城市空间形态的相互作用，最后总结了城市化地区空间形态合理化扩张目标下的交通承载系统优化途径。本书的主要研究工作及结论可以概括为如下的几个方面。

(1)研究现状的梳理以及本书研究切入点的认识。

对本书研究相关的城市空间形态、承载力、交通承载系统等相关基本概念进行了解析和界定，从概念内涵、计量测度、成因机理以及治理对策等方面对城市空间扩张问题的相关研究进行了述评，认为目前城市空间形态的扩张问题具有普遍性，其研究成果丰富但体系较为庞杂，因此选取交通承载系统这一与城市发展紧密相关的作用对象来深入探讨，在此基础上，对交通承载系统的相关研究进展进行了说明，并对本书研究的切入点进行了深入解读。

(2)城市化地区空间扩张问题的机理及特征分析。

从城市规划史的视角回顾了城市空间形态扩张的发展驱动力，认为集聚以及扩散主导的规划思想在城市化地区发展的不同阶段起到了不同影响作用，对城市空间扩张过程形成了阶段性的划分。对城市化地区空间形态的扩张模式及其特征进行了总结，认为随着城市内部的社会结构、功能组织以及空间结构的日益复杂化，城市对外扩张的空间形态也表现出多元化的特征，相应的扩张模式也会在不同的时期和不同的经济发展阶段出现不同模式的交替变换。同时指出城市化地区空间扩张过程中具有的倾向性和非均衡性特征使得交通承载系统成为了影响其发展的重要因素,并在相关已有研究基础上给出了一个城市空间扩张形态测度的基本框架。

(3)交通承载系统的基本体系构建与系统效用分析。

对交通承载系统的基本概念、系统构成、承载力作用对象和特点以及承载力具有的主要功能和特征进行了研究。交通承载系统是由基础设施、运输技术以及管理和保障等共同构成的社会经济发展承载力子系统,其承载表现不仅受到自身设施规模和设施服务水平约束,还受到了生态、资源等基本环境承载约束。从交通承载系统构成以及系统约束条件来看,交通承载力具有相对稳定、衡量主观、系统复合性等基本特征,其发挥的主要功能可以概括为满足交通运输活动需求以及满足城市功能实现两个方面,同时其对城市发展还具有一定的制约性作用。设计了一个用于评价交通承载系统的基本指标体系来用于系统的定量化表达。对交通承载力的效用表现形式进行了分析,指出交通承载系统在作用过程中主要发挥了提供空间移动能力的机动性效用以及改变空间利用性质的可达性效用。

(4)城市化地区的空间扩张与交通承载系统之间的互动关系研究。

总结了城市化地区空间形态扩张与交通承载系统之间作用的基本模式,分析了其作用模式与可达性以及机动性之间的关系,并指出在机动性和可达性效用的共同影响下,交通承载系统对城市化地区的空间形态扩张产生了阶段分隔性、规模控制性以及扩张引导性等三方面主要作用,而城市空间形态在发展过程中又会对交通承载系统产生影响,主要反映在对系统方式构成、系统运行效率以及系统承载资源分布三个方面,在此基础上给出了交通承载系统与城市空间形态扩张的互馈性作用框架。

(5)城市化地区空间扩张与交通承载系统作用的模型化及实证研究。

在前文交通承载系统效用表现指标和城市空间形态测度指标体系的基础上,构建了交通承载系统的效用表达模型和城市空间形态的综合表征指数模型,认为两者以及其所共同构成的系统具有自组织行为和独立演化特征,借鉴 Logistic 模型,构建了两者自身发展的独立演化模型,之后以此为模型基本形,加入了两者的变化对对方的影响因子,以及单一系统的自演化控制因子来分析两者的相互作用关系。选取了一个交通承载设施变化带来可达性效用变化的算例作为实证,表明了随着交通基础设施的不断改善,交通网络整体的效率将会得到显著提高,城市节点可达性的空间形态将由非均衡分布向均衡分布改变。

(6)城市化地区空间合理化扩张目标下的交通承载系统优化途径。

对实现城市化地区空间形态合理化扩张的交通承载系统优化途径提出了相应的对策和建议。指出在城市化地区的空间扩张过程中,应该遵循发展紧凑城市的交通系统资源配置理念,同时应提倡以交通基础设施引导土地利用开发的“TOD”土地开发模式。对于交通承载系统自身来讲,认为应注重土地利用规划与交通承载系统规划的整合,实现两者的有效互动和反馈,强调交通承载系统的机动性和可达性效用的辩证统一,在城市空间扩张的不同区域和不同时段,应该强调机动性和可达性带来的不同影响,合理促进交通基础设施资源的分配;实现交通基础设施建设规划和运输服务规划的同步,使交通承载系统能够发挥其最大的运行效率,避免资源浪费。

9.2 有待深入研究的问题

城市化地区空间扩张问题的背后,是社会经济发展的各个子系统之间存在的复杂互动关系共同作用的影响结果,以往诸多研究结论也证实了这一点,但由于空间扩张问题涉及了诸多的学科和知识领域,因此,深入分析这一问题往往需要从多个视角和多种方法来支撑,本书对交通承载系统的特征和城市化地区空间扩张的机理进行了分析,并对两者之间存在的互动关系进行了较为深入的探讨,但研究的方法体系和研究深度都尚需进一步的提高和完善,有待深入研究的问题可以归纳为如下几个方面:

(1)城市化地区的空间扩张问题其实是一个具有普遍性意义的现象,只是其在西方国家的城市发展过程中所表现出来的负面效应使得对机理分析和对策治理研究产生了广泛关注,但对于中国来讲,国情的差异使得西方传统的认识以及治理对策体系并不能照搬,因此,如何建立一个城市化地区空间合理化扩张的政策和规划框架,是具有重要理论和实践意义的问题,本书尝试总结了交通承载系统的部分优化途径,但其完整的治理体系构建则需更为深入系统的研究。

(2)从内容上看,本书构建了两个体系框架,即城市化地区空间形态的定量化测度框架和交通承载系统的评价指标框架,虽然本书从定量和定性两方面阐述了两者之间的互动关系,并以可达性为核心建立了一个空间形态扩张与交通基础设施的测度模型,但还未能将两个体系框架完整地结合起来,以更为精确地表述两者之间的互动作用机理,同时,文中模型的完整例证也尚未实现,这也是本研究还需要进一步深化和完善的地方。

(3)虽然目前除本研究外的诸多研究成果都提到了可达性是改善城市的土地利用以及实现交通承载系统优化的关键性要素,而且目前在微观层面上建立的基于土地的使用价格的相关经济学模型已经能够较好的解释土地等空间利用的扩散机理,但其仍不足以支撑对一个城市或者城市化地区的空间扩张进行较为完整的仿真,因此,如能在交通承载系统的效用机理以及其对城市空间活动承载作用分析的基础上,开展城市化地区的空间形态与交通承载系统发展的作用动态仿真研究,将会使本研究成果更为完善以及更具理论意义。

附　　录

附表1　中国71个主要快速综合交通节点评价城市列表

城　市	省　会	经济区	运输通道	城　市	省　会	经济区	运输通道
蚌埠			√	格尔木			√
包头			√	齐齐哈尔			√
宝鸡		√		乌鲁木齐	√		√
保定		√		哈尔滨	√		√
北京	√	√	√	呼和浩特	√		√
成都	√	√	√	连云港			√
大连			√	满洲里			√
大庆			√	石家庄	√	√	√
大同			√	秦皇岛		√	√
佛山		√		张家口		√	
福州	√		√	沈阳	√		√
宁波		√	√	上海	√	√	√
广州	√	√	√	苏州		√	
贵阳	√		√	太原	√		√
青岛			√	唐山		√	√
哈密			√	天津	√	√	√
海口	√		√	通辽			√
邯郸		√		温州			√
杭州	√	√	√	汕头			√
合肥	√			武汉	√	√	√
黑河			√	西安	√	√	√
株洲		√		西宁	√		√
济南	√		√	咸阳		√	
九江		√	√	湘潭		√	

续上表

城　　市	省　　会	经济区	运输通道	城　　市	省　　会	经济区	运输通道
喀什			√	徐州			√
昆明	√		√	烟台			√
拉萨	√		√	宜宾		√	
兰州	√		√	银川	√		√
厦门			√	岳阳		√	√
柳州			√	湛江			√
洛阳		√		深圳		√	√
三亚			√	长春	√		√
绵阳		√		长沙	√	√	√
南昌	√		√	郑州	√	√	√
南京	√	√	√	重庆	√	√	√
南宁	√		√				

附表2　3个典型城市的现状及规划综合旅行时间值

城市	北京		西安		广州	
	现状	规划	现状	规划	现状	规划
北京	0.00	0.00	12.54	7.05	26.10	14.46
上海	13.88	8.33	15.36	9.21	18.32	9.81
天津	1.55	0.89	14.20	7.25	26.83	14.23
石家庄	3.50	1.99	9.72	5.08	22.51	12.50
沈阳	6.60	4.77	20.81	11.55	33.02	18.00
南京	11.86	7.11	12.64	7.32	19.28	9.21
杭州	14.96	8.85	16.19	8.80	16.79	8.65
福州	23.53	12.70	22.33	11.19	12.59	5.84
济南	4.88	3.03	12.11	6.03	23.12	12.12
广州	26.10	14.46	21.47	10.58	0.00	0.00
海口	35.21	18.64	30.58	14.43	9.86	4.20
太原	5.66	3.12	7.75	4.11	26.08	12.61
长春	9.92	6.70	24.73	13.64	36.64	22.06
哈尔滨	13.08	8.40	27.73	15.35	40.25	21.78
合肥	12.43	7.00	11.30	6.27	16.82	8.26
南昌	17.02	10.15	14.49	7.75	10.48	5.01
郑州	8.18	4.72	5.63	3.24	18.29	9.74
武汉	13.76	8.28	9.59	5.01	11.23	6.20
长沙	17.93	10.35	13.56	6.85	7.46	4.10
呼和浩特	6.84	3.20	14.52	6.65	31.76	16.17
南宁	29.78	16.48	26.67	11.13	9.21	3.79
重庆	25.99	11.55	12.83	4.49	21.75	8.35
成都	22.64	11.72	10.15	4.68	25.61	10.52
贵阳	28.99	14.21	18.97	7.21	17.86	6.28
昆明	37.96	17.03	26.86	10.00	20.67	9.12
拉萨	59.28	22.25	49.94	16.82	63.34	27.03
西安	12.54	7.05	0.00	0.00	21.47	10.58
兰州	18.57	9.36	9.95	3.89	31.35	14.09
西宁	21.13	10.75	12.90	5.27	34.26	15.50
银川	15.59	7.55	10.32	4.79	32.97	15.35
乌鲁木齐	47.94	19.01	40.16	16.91	60.65	27.09
合计	567.3	289.6	536.0	252.6	746.6	362.7

附表 3　8 个经济区域的现状及规划节点综合可达性系数

城　　市	现 状 值	规 划 值	变　　动
宝鸡	0.97	0.99	0.02 ↑
保定	0.88	0.95	0.07 ↑
北京	0.93	1.03	0.10 ↑
沧州	0.92	0.95	0.03 ↑
成都	1.25	1.19	-0.06 ↓
承德	1.13	1.20	0.07 ↑
德阳	1.24	1.17	-0.07 ↓
佛山	1.34	1.34	0.00 ↑
广州	1.33	1.31	-0.02 ↓
邯郸	0.78	0.80	0.02 ↑
杭州	0.98	1.02	0.04 ↑
荆州	1.32	0.81	-0.51 ↓
九江	0.84	0.84	0.00
开封	0.73	0.76	0.03 ↑
洛阳	0.74	0.77	0.03 ↑
绵阳	1.21	1.14	-0.07 ↓
南京	0.85	0.90	0.05 ↑
宁波	1.07	1.14	0.07 ↑
秦皇岛	1.12	1.17	0.05 ↑
上海	0.97	1.06	0.09 ↑
深圳	1.41	1.44	0.03 ↑
石家庄	0.82	0.87	0.05 ↑
苏州	0.94	1.03	0.09 ↑
唐山	1.05	1.09	0.04 ↑
天津	0.97	1.01	0.04 ↑
渭南	0.83	0.88	0.05 ↑
武汉	0.74	0.76	0.02 ↑
西安	0.82	0.85	0.03 ↑
咸阳	0.86	0.87	0.01 ↑
湘潭	0.92	0.95	0.03 ↑

续上表

城　市	现 状 值	规 划 值	变　动
信阳	0.72	0.74	0.02 ↑
宜宾	1.43	1.32	-0.11 ↓
岳阳	0.85	0.83	-0.02 ↓
张家口	1.08	1.17	0.09 ↑
长沙	0.96	0.90	-0.06 ↓
郑州	0.70	0.73	0.03 ↑
重庆	1.20	1.08	-0.12 ↓
株洲	0.92	0.93	0.01 ↑

参考文献

[1] Amnon Frenkel, Maya Ashkenazi. Measuring urban sprawl: how can we deal with it? [J], Environment and Planning B: Planning and Design, 2008, 35(1): 56-79.

[2] Anderson, W. P., Kanaroglou, P. S. Miller, E. J. Urban form, energy and the environment: a review of issues, evidence and policy[J], Urban Studies, 1996, 33(1): 7-35.

[3] Bengston D N, Youn Y C. Urban containment policies and the protection of natural areas: the case of seoul greenbelt[J]. Eeology and Society, 2006, 11(1): 3-11.

[4] Berlin, Cynthia. Sprawl comes to the American Heartland[J]. Focus, 2002, 44(4): 1-9.

[5] Brehenny, M. Urban Compaction: Feasible and Acceptable[J]. Cities, 1997, 14(4): 209-217.

[6] Burchell, R. W. The costs of sprawl-revisited[M]. Washington D. C.: National Academy Press, 1998.

[7] Carey curits. 地方城市的活动走廊:一种真正整合土地使用和交通规划的有效方法[J]. 王金秋,译. 国外城市规划, 2002, (6): 43-48.

[8] Cervero, Robert. The transit metropolis: A global inquiry[M]. Washington D. C.: Island Press, 1998.

[9] Clawson. Urban sprawl and speculation in suburban land[J]. Land Economics, 1962, 38(2): 99-111.

[10] Dear, Michael J. From Chicago to L. A.: Making Sense of Urban Theory[M]. Thousand Oaks, CA: Sage Publications, 2002.

[11] Downs A. New Visions for Metropolitan America [M]. Washington D. C.: The Brookings Institution and Lincoln Institution of Land Policy, 1994.

[12] Duany. A, Plater Zyberk. E, Speck. 郊区国家——美国梦的兴起与衰落[M]. 苏薇,等,译. 武汉:华中科技大学出版社, 2008.

[13] Dupuy G, Stransky. Cities and highway networks in Europe[J]. Journal of Transport Geography. 1996, 4 (2): 107-121.

[14] Dutton, John A. New American urbanism: re-forming the suburban metropolis [M]. NewYork, NY: Distributed in North America and Latin America by Abbeville Pub, 2000.

[15] Fulton, W., R. Pendall, M. Nguyen, A. Harison. Who Sprawls Most How Growth Patterns Differ Across the U. S. [M]. Washington D. C.: Brookings Institution, 2001.

[16] G H Pirie. Measuring accessibility: a review and proposal[J]. Environment and Planning A, 1979, 11:299-312.

[17] Gabriel D, Vaclav S. Cities and highway networks in Europe[J]. Journal of Transport Geography. 1996, 4(2):107-121.

[18] Galster G, Hanson R, Wolman H, et al. Sprawl to the ground: Defining and measuring an elusive concept[J]. Housing Policy Debate, 2001, 12(4):681-717.

[19] George J. Stigler. The theory of economic regulation[J]. The Bell Journal of Economics and Management Science, 1971, 2(1):3-21.

[20] Gordon P., Richardson, H. W. Are compact cities a desirable planning goal? [J]. Journal of the American Planning Association, 1997, 63(1):95-106.

[21] Gottmann. Megalopolis: The urbanized northeastern seaboard of the United States [M]. New York: Twentieth Century Fund, 1961.

[22] H. Patricia Hynes, Urban Environmental Health[M]. New York: Jones & Bartlett Publishers, 2003.

[23] Hall P. The World Cities[M]. London: Weidenfeld and Nieoson, 1988.

[24] Hasse J E. Geospatial indices of urban sprawl in New Jersey[D]. New Jersey: The State University of New Jersey, 2002.

[25] Ingram, D. R. The concept of accessibility: A search for an operational form[J]. The Journal of the Regional Studies Association, 1971, 5(2):101-107.

[26] J. M. 汤姆逊. 城市布局与交通规划[M]. 倪文彦, 译. 北京: 中国建筑工业出版社, 1982.

[27] Jane Jacobs. The Death and Life of Great American Cities[M]. New York: Random House, 1961.

[28] Javier G, Rafael, Gabriel. The European high speed train network: Predicted effects on accessibility patterns[J]. Journal of Transport Geography, 1996, 4(4): 227-237.

[29] John Friedman. 美好城市: 为乌托邦式的思考辩护[J]. 王红扬, 钱慧, 译. 国外

城市规划,2005,(5):21-27.

[30] K. Brueckner, David A. Fansler. The economics of urban sprawl: theory and evidence on the spatial sizes of cities[J]. Review of Economics and Statistics, 1983, 65(3):479-482.

[31] Kahn, M. Does Sprawl Reduce the Black/White Housing Consumption Gap? [J]. Housing Policy Debate, 2001, 12(1):77-86.

[32] Kolankiewicz L, Beck R. Weighing sprawl factors in large U. S. cities: Analysis of U. S. bureau of the census data on the 100 largest urbanized areas of the United States[R]. Washington D. C.: Numbers USA. com, 2001.

[33] Kwan M P, Janelle D G, Goodchild M F. Accessibility in space and time: A theme in spatially integrated social science[J]. Journal of Geographical Systems, 2003, 5:1-3.

[34] Leorey O M, Nariida C S. A framework for linking urban formand air quality[J]. Enviromental Modelling&Software, 1999, 14(6):541-548.

[35] Levy, John M. Contemporary urban planning[M]. Upper Saddle River, N. J.: Prentice Hall, 2000.

[36] Lopez. R, and H. P. Hynes. Sprawl in the 1990s: measurement, distribution and trends[J]. Urban Affairs Review, 2003, 38(3):325-355.

[37] Mei-Po Kwan, Alan T. Murray, Morton E. Etc. Recent advances in accessibility research: Representation, methodology and applications[J]. Journal of Geographical Systems, 2003, 5(1):129-138.

[38] Meyer M. D., Maler E. J., Urban transportation planning[M]. London: Hutchinson, 1995

[39] Michael Neuman. The Compact City Fallacy[J]. Journal of Planning Education and Reasearch, 2005, (25):11-26.

[40] Miller J. S., Hoel L. A. The "smart growth" debate: best practices for urban transportation planning[J]. Journal of Socio Economic Planning Sciences, 2002, 36(1):1-24.

[41] Nicole Morrison. The Compact City: Theory Versus Practice-The Case of Cambridge[J]. Neth. J. of Housing and Built Environment, 1998, (13)2.

[42] Odoki J B, Kerali H R, Santorini F. An integrated model for quantifying accessibility-benefit in developing countries. Transpo rtation Research A, 2001, 35: 601-623.

[43] Peter Calthorpe. The next American metropolis-ecology, community, and the American dream[M]. Princeton Architecture Press, 1993:49-76.
[44] Qing Shen. Spatial technologies, accessibility, and the social construction of urban space[J]. Computers, Environment and Urban Systems, 1998, 22(5), 447-464.
[45] Robert Cervero, Kara Kockelman. Travel demand and the 3Ds: Density, diversity, and design[J], Transportation Research Part D: Transport and Environment, 1997, 2(3):199-219.
[46] Robert O. Harvey, W. A. V. Clark. The nature and economics of urban sprawl [J]. Land Economics, 1965, 41 (1):1-9.
[47] Schneider D M, Godsehalk D R, Axle N. The caryring cpacaity concept as a planning tool[R]. Chicago :Americna Planning Association ,1978.
[48] Sleckman BP, Gorman JR, Alt FW. Accessibility control of antigen-receptor variable-region gene assembly: role of cis-acting elements[J]. Annu Rev Immunol, 1996, 14(1):459-481.
[49] Stewart J Q, Warntz W. Physics of population disdribution[J]. Journal of Regional Science, 1958, 1:99-123.
[50] Taaffe, Gauthoer, O'Kelly. Geography of Transportation [M]. New Jersey: PrenticeHall. 1997.
[51] Taaffe. The urban hierarchy: An air passenger definition[J]. Economic geography, 1962, 38(1):1-14.
[52] Walter G. Hansen. How Accessibility Shapes Land Use[J]. Journal of the American Planning Association, 1959, 25(2):73-76.
[53] William A. Fischel. A property rights approach to municipal zoning[J]. Land Economics, 1978. 54(1): 64-81.
[54] William A. Fischel. The home voter hypothesis: how home values influence local government taxation, school finance, and land-use polities[M]. Cambridge: Harvard University Press, 2001.
[55] Williams H. W. The exploding metropolis[M]. Berkeley: University of california press, 1958.
[56] 奥利弗. 吉勒姆. 无边的城市——论战城市蔓延[M]. 叶齐茂,倪晓晖,译. 北京:中国建筑工业出版社,2007.
[57] 曹小曙. 经济发达地区交通网络演化对通达性空间格局的影响[J]. 地理研究. 2003,22(3):305-312.

[58] 陈明星,叶超,付承伟. 国外城市蔓延研究进展[J]. 城市问题,2008,153(4):81-86.

[59] 陈鹏. 基于土地制度视角的我国城市蔓延的形成与控制研究[J]. 规划师,2007,23(3):76-78.

[60] 陈群元,尹长林,陈光辉. 长沙城市形态与用地类型的时空演化特征[J],地理科学,2007,(27) 2:273-279.

[61] 陈洋,李立勋,许学强. 1960 年代以来西方城市蔓延研究进展[J]. 世界地理研究,2007,16(3):29-35.

[62] 房艳刚. 城市地理空间系统的复杂性研究[D]. 沈阳:东北师范大学,2006.

[63] 冯健. 转型期中国城市内部空间重构[M]. 北京:科学出版社,2004.

[64] 冯科. 城市用地蔓延的定量表达、机理分析及其调控策略研究[D]. 杭州:浙江大学,2010.

[65] 弗朗索瓦·杜雷. 城市机动性——城市研究的新概念框架[J]. 城市规划汇刊,2004,(2):90-96.

[66] 傅鸿源,胡焱. 城市综合承载力研究综述[J]. 城市问题,2009,166(5),27-31.

[67] 葛亮,王炜,陈学武. 结合土地利用再谈城市交通可持续发展[J]. 华中科技大学学报(城市科学版),2002,(3):33-36.

[68] 顾朝林,甄峰,张京祥. 集聚与扩散:城市空间结构新论[M]. 南京:东南大学出版社,2000.

[69] 国家发展和改革委员会. 国家综合交通网中长期发展规划[R],北京:国家发展和改革委员会,2007.

[70] 韩俊丽,段文阁. 城市水资源承载力基本理论研究[J]. 中国水利,2004,(7):12-13.

[71] 何舒文. 分散主义:城市蔓延的原罪?—论分散主义思想史[J]. 规划师,2008,24(11):97-100.

[72] 侯德劭,晏克非,成峰. 城市交通噪声环境承载力分析模型及算法[J]. 计算机工程与应用,2008,44(18):215-220.

[73] 黄晓军,李诚固,黄馨. 长春城市蔓延机理与调控路径研究[J]. 地理科学进展,2009,28(1):76-84.

[74] 加拿大不列颠哥伦比亚大学教授 Aprodicio A. Laquian 在首届世界规划院校大会开幕式上所做的主题发言.

[75] 蒋芳,刘盛和,袁弘. 北京城市蔓延的测度与分析[J]. 地理学报,2007a,62(6):649-658.

[76] 蒋正良,李兵营.西方建筑学领域的城市形态研究综述[J].青岛理工大学学报,2008,29(5):68-74.
[77] 金凤君,王娇娥.20世纪中国铁路网扩展及其空间通达性[J].地理学报.2004,59(2):293-302.
[78] 金凤君.基础设施与人类生存环境之关系研究[J].地理科学进展.2001,20(3):276-285.
[79] 金凤君.我国航空客流网络发展及其地域系统研究[J].地理研究,2001,20(1):31-39.
[80] 蓝丁丁,韦素琼,陈志强.城市土地资源承载力初步研究——以福州市为例[J].沈阳师范大学学报,2007,(4):252-255.
[81] 李东序,赵富强.城市综合承载力结构模型与耦合机制研究[J].城市发展研究,2008,16(6):37-42.
[82] 李东序.城市综合承载力理论与实证研究[D].武汉:武汉理工大学.2008.
[83] 李强,戴俭.西方城市蔓延治理路径演变分析[J],城市管理,2006,13(4):74-77.
[84] 李强,刘安国,朱华晟.西方城市蔓延研究综述[J].外国经济与管理,2005,27(10):49-56.
[85] 李强,杨开忠.城市蔓延[M].北京:机械工业出版社,2007.
[86] 李晓燕.基于交通环境承载力的城市生态交通规划的理论研究[D].西安:长安大学,2003.
[87] 李振福,城市交通系统的人口承载力研究[J].北京交通大学学报(社会科学版),2004,(3)4:76-80.
[88] 刘卫东,谭韧膘.城市蔓延评估体系及其治理对策[J].地理学报,2009,64(4):417-425.
[89] 刘易斯.芒福德.城市发展史[M],北京:中国建筑工业出版社,2005.
[90] 刘志硕,申金升,张智文.基于交通环境承载力的城市交通容量的确定方法及应用[J].中国公路学报,2004,17(1):70-78.
[91] 陆大道.权威专家直陈城市化“大跃进”隐忧[N].南方周末,2006-07-13(A5).
[92] 陆化普,赵晶.适合中国城市的TOD规划方法研究[J],公路工程,2008,33(6):64-68.
[93] 雒占福.基于精明增长的城市空间扩展研究——以兰州市为例[D].兰州:西北师范大学.2009.

[94] 马强. 交通均衡供给策略与城市间协调发展[J]. 城市发展研究,2006,(1):24-28.

[95] 马强. 走向精明增长:从"小汽车城市"到"公共交通城市"[M]. 北京:中国建筑工业出版社,2007.

[96] 迈克尔. 布雷赫尼. 集中派,分散派和折衷派:为未来城市形态的不同观点[J]. 紧缩城市本书集,2004.

[97] 牛建宏. "城市综合承载力"意指何方?[N]. 北京:中国建设报, 2006,02-09.

[98] 潘海啸,译. 城市交通空间创新设计——建筑行动起来[M]. 中国建筑工业出版社,2004.

[99] 潘家华,魏后凯. 城市蓝皮书——2009 中国城市发展报告[R]. 北京:社会科学文献出版社,2009.

[100] 潘家华,魏后凯. 城市蓝皮书——2010 中国城市发展报告[R]. 北京:社会科学文献出版社,2010.

[101] 裴玉龙,景瑞,王要武. 提高哈尔滨市城市交通承载力的建议[J]. 决策咨询通讯,2007,(5):61-65.

[102] 祁巍锋. 紧凑城市的综合测度与调控研究[M]. 杭州:浙江大学出版社,2010.6.

[103] 秦志锋. 中国城市蔓延现状与控制对策研究[D]. 开封:河南大学,2008.

[104] 孙艳军,陈新庚,包芸,等. 广州市交通环境承载力变化的相关性分析[J]. 环境科学与技术. 2006,29(8):45-48.

[105] 谭文垦,石忆邵,孙莉. 关于城市综合承载能力若干理论问题的认识[J]. 中国人口. 资源与环境,2008,(l8)1:40-44.

[106] 汤姆逊. 城市布局与交通规划[M]. 北京:中国建筑工业出版社,1982.

[107] 王春才. 城市交通与城市空间演化相互作用机制研究[D]. 北京:北京交通大学,2007.

[108] 王春杨. 我国城市蔓延问题的经济学分析和对策[D]. 重庆:重庆大学. 2008.

[109] 王国爱,李同升. "新城市主义"与"精明增长"理论进展与评述[J]. 规划广角,2009,7(4):6-10.

[110] 王家庭,张俊韬. 我国城市蔓延测度:基于 35 个大中城市面板数据的实证研究[J]. 经济学家,2010,10:56-63.

[111] 王姣娥. 中国铁路客运网络组织与空间服务系统优化[J]. 地理学报. 2005,3:371-380.

[112] 王宁,刘平,黄锡欢.生态承载力研究进展[J].中国农学通报,2004,20(6)12:278-281.

[113] 王庆云,等.综合交通网发展规划研究.交通运输发展理论与实践(下册).北京:中国科学技术出版社,2007.

[114] 王治新.精明增长的城市交通与土地利用规划模式[D].西安:西安建筑科技大学,2005.

[115] 网易新闻.全国开发区数量压至1568个,压缩比例超70%[EB/OL].http://news.163.com/07/0917/11/3 OJBMA 800001124J.html,2007.

[116] 卫振林,申金升,徐一飞.交通环境容量与交通环境承载力的探讨[J].经济地理,1997,(17)1:97-99.

[117] 徐建华,梅安新,吴健平.20世纪下半叶上海景观镶嵌结构演变的数量特征与分形结构模型研究[J].生态科学,2002.(2):131-137.

[118] 许联芳,杨勋林,王克林,等.生态承载力研究进展[J],生态环境,2006,(15)5:1111-1116.

[119] 薛德升.中国干线公路网络联结的城市通达性[J].地理学报.2005,60(6):903-910.

[120] 薛小杰,惠泱河,黄强,蒋晓辉.城市水资源承载力及其实证研究[J].西北农业大学学报,2000,(12):135-145.

[121] 杨东峰.1990年以来我国大城市空间增长的历史态势:蔓延或紧凑?[A].和谐城市规划——2007中国城市规划年会本书集C,2007:389-396.

[122] 杨日辉,王首绪.基于交通环境承载力的公路网交通量预测[J].公路,2006,(4):182-185.

[123] 姚士谋,帅江平.城市用地与城市生长——以东南沿海城市扩展为例[M].合肥:中国科学技术大学出版社,1995.

[124] 姚士谋.中国大都市的空间扩展[M].合肥:中国科技大学出版社,1998.

[125] 叶裕民.解读城市综合承载力[J].前线,2007,4:26-28.

[126] 詹姆斯,等.紧缩城市——一种可持续发展的城市形态[M],周玉鹏,等,译.北京:中国建筑工业出版社,2004.

[127] 詹歆晔,郁亚娟,郭怀成,等.特大城市交通承载力定量模型的建立与应用[J].环境科学学报,2008,28(9):1923-1931.

[128] 张兵.近20年来湖南公路网络优化与空间格局演变[J].地理研究.2007,26(4):712-722.

[129] 张京祥,洪世键.城市空间扩张及结构演化的制度因素分析[J].规划师,

2008,24(12):40-43.

[130] 张坤.城市蔓延度量方法综述[J],国际城市规划,2007,22(2):67-71.

[131] 张林波,李文华,刘孝富,等.承载力理论的起源、发展与展望[J].生态学报,2009,29(2):878-888.

[132] 张文尝,金凤君,樊杰.交通经济带[M].北京:科学出版社,2000.

[133] 张逊.成都交通承载力对人居环境的影响[J].山西建筑,2010,36(7):21-22.

[134] 章元明,盖钧锐.Logistic 模型的参数估计[J].四川畜牧兽医学院学报,1994,8(2):47-53.

[135] 赵兵,资源环境承载力研究进展及发展趋势[J],西安财经学院学报,2008,21(3):114-118.

[136] 郑猛,张晓东,依据交通承载力确定土地适宜开发强度-以北京中心城区控制性详细规划为例[J],城市交通,2008,6(5):15-18.

[137] 中国开发区网.全国开发区统计[EB/OL].http://www.cadz.org.cn/.2010.

[138] 中国民用航空局.国家民用机场布局规划[R],北京:中国民用航空局,2007.

[139] 中华人民共和国交通运输部.国家高速公路网规划[R],北京:中华人民共和国交通运输部,2006.

[140] 中华人民共和国交通运输部.国家公路运输枢纽布局规划[R],北京:中华人民共和国交通运输部,2007.

[141] 中华人民共和国铁道部.国家中长期(高速)铁路网调整规划[R],北京:中华人民共和国铁道部,2008.

[142] 周捷.大城市边缘区理论及对策研究[D].上海:同济大学,2007.

[143] 周玉明.城市形态的认知[J].苏州大学学报,2006,26(5):28-29.

[144] 朱蓉.集体记忆的城市形态构建的时间观与价值取向[J].建筑,2006,62(1):68-72.

[145] 卓健.机动性和中国城市[J].国外城市规划,2005,20(3):1-3.

[146] 周春山.城市空间结构与形态[M].北京:科学出版社,2007.